计算机类精品系列教材

C语言程序设计教程

——基于项目导向

杨政 崔妍 史江萍 赵越 主编

電子工業出版社
Publishing House of Electronics Industry
北京•BEIJING

内 容 简 介

本书是以工程实践项目为导向的“新工科”C 语言教材，采用案例模式，全面、细致地介绍了 C 语言的语法知识和简单应用。全书分为 7 章，以“成绩管理系统”实践项目为主线，主要内容包括 C 语言与软件工程概述、成绩管理系统项目综述、成绩处理子系统实现、查询统计子系统实现、后台管理子系统实现、查询统计子系统动态实现和文件管理子系统实现等。

本书在设计上针对的是计算机语言初学者，内容浅显易懂，实例丰富。本书既可作为高等院校计算机科学与技术相关专业 C 语言的教材或辅导用书，也可供计算机语言爱好者或其他专业的学生使用。

图书在版编目（CIP）数据

C 语言程序设计教程：基于项目导向 / 杨政等主编. —北京：电子工业出版社，2024.5

ISBN 978-7-121-47667-9

Ⅰ. ①C… Ⅱ. ①杨… Ⅲ. ①C 语言－程序设计－高等学校－教材 Ⅳ. ①TP312.8

中国国家版本馆 CIP 数据核字（2024）第 074151 号

责任编辑：刘　瑀
印　　刷：大厂回族自治县聚鑫印刷有限责任公司
装　　订：大厂回族自治县聚鑫印刷有限责任公司
出版发行：电子工业出版社
　　　　　北京市海淀区万寿路 173 信箱　　　　邮编：100036
开　　本：787×1092　1/16　印张：15.75　字数：414 千字
版　　次：2024 年 5 月第 1 版
印　　次：2024 年 5 月第 1 次印刷
定　　价：59.00 元

凡所购买电子工业出版社图书有缺损问题，请向购买书店调换。若书店售缺，请与本社发行部联系，联系及邮购电话：（010）88254888，88258888。

质量投诉请发邮件至 zlts@phei.com.cn，盗版侵权举报请发邮件至 dbqq@phei.com.cn。

本书咨询联系方式：liuy01@phei.com.cn。

PREFACE 前言

C 语言作为一种流行的语言，由于其具有语法简洁紧凑、使用灵活、适用范围广等特点，在过去的二十余年中被视为学习计算机类语言的必修课。目前，创新业态需要大学教育转型，新的工科课程体系强调实践及各类项目的融合。在这一背景下，笔者编写了这本以工程实践项目为导向的“新工科”C 语言教材，希望通过案例的形式，既简洁易懂又生动有趣地将 C 语言的相关知识点呈现给各位读者。

全书分为 7 章。第 1 章为 C 语言与软件工程概述，主要介绍了 C 语言的特点、集成开发环境、软件开发的基本步骤等内容；第 2 章为成绩管理系统项目综述，从项目开发的角度，详细介绍了软件设计的基本步骤、相关概念和 C 语言的基础知识；第 3～7 章根据第 2 章项目开发涉及的各个模块，从实现的角度，分别以成绩处理子系统（数据类型、基本语句）、查询统计子系统（运算符、表达式、循环语句）、后台管理子系统（数组、结构）、查询统计子系统（指针）、文件管理子系统（文件读/写）的实现对相关的 C 语言知识点进行了详细介绍。

读者可登录华信教育资源网（www.hxedu.com.cn），免费下载本书配套的教学大纲、PPT、源代码、课程思政等资源。

在本书编写过程中，我们不断开展教学实践，经过三轮教学形成终稿。感谢沈阳工程学院信息学院计算机科学与技术专业相关教师和学生的大力支持与帮助。本书最后给出的开发项目——成绩管理系统的三种实现方法为学生实际课程设计作品，在此也对相关设计小组表示感谢。此外，还要由衷地感谢出版社各位编辑人员在终稿校对、修订方面付出的辛勤劳动。

虽然本书经过多次修改，但难免会有疏漏和错误之处，恳请广大读者批评指正，使书稿不断完善。

CONTENTS 目录

第1章

C 语言与软件工程概述

本章主要介绍C语言的发展简史与特点、C程序的基本特点、C程序结构初步、C程序上机运行步骤、C语言集成开发环境，讲解软件工程的基本概念和开发步骤。通过对本章内容的学习，读者应对C语言有一个概括性的了解，能够依照软件工程的开发步骤进行完整的应用项目开发。

1.1 C 语言概述

1.1.1 C 语言的发展简史

C 语言是在 B 语言的基础上产生并发展起来的，它既保留了 B 语言精练、接近硬件的优点，又克服了 B 语言过于简单、数据无类型的缺点。因此，C 语言既具有低级语言接近硬件的优点，又具有高级语言易于学习和维护的优点。C 语言既可用来编写应用软件，又可用来编写系统软件。

C 语言的发展离不开 UNIX。最初的 C 语言主要是为了描述和实现 UNIX 操作系统而编写出来的。后来，C 语言虽经过多次改进，但仍主要在贝尔实验室内部使用。直到 1975 年 UNIX 第 6 版发布，C 语言的突出优点才引起了人们的注意。1977 年出现了不依赖具体机器系统的 C 语言编译文本《可移植的 C 语言编译程序》，使 C 程序移植到其他机器系统时所做的工作大大简化。随着 UNIX 的广泛使用，C 语言也迅速得到推广。1978 年，Brian W. Kernighan 和 Dennis M. Ritchie（合称 K&R）合著了影响深远的著作 *The C Programming Language*。这本书中介绍的 C 语言成为后来广泛使用的 C 语言版本的基础，它也被称为标准 C。1983 年，美国国家标准化协会（ANSI）根据 C 语言问世以来各种版本对 C 语言的发展和扩充，制定了新的标准，称为 ANSI C。1987 年，ANSI 又公布了新的标准——87 ANSI C。1990 年，国际标准化组织（ISO）接受 87 ANSI C 为 ISO C 的标准（ISO 9899—1990），目前流行的编译系统都是以这个标准为基础的。

1.1.2 C 语言的特点

与其他语言相比，C 语言有自己的特点。

（1）C 语言中共有 32 个关键字、9 种控制语句，语法简洁、紧凑，使用方便、灵活。

（2）C 语言中共有 34 种运算符，由运算符和操作数组成的表达式类型多样（一般而言，学习 C 语言的过程就是学习掌握关键字、控制语句和运算符的过程）。

（3）C 语言中的数据类型丰富，既有系统定义的简单类型，如整型、浮点型、字符型等，又有用户自定义的构造类型，如数组类型、结构体类型、共用体类型等。

（4）C 语言利用三种简单的控制结构（顺序结构、分支结构、循环结构）就能实现任何复杂结构。

（5）C 语言采用函数作为程序的模块单位，便于实现程序的模块化。

（6）C 语言的语法限制不太严格，程序设计自由度大。

（7）C 语言不仅能进行位（Bit）操作，还能直接对硬件进行操作。

（8）C 语言生成的目标代码质量高，一般只比汇编语言生成目标代码的效率低 10%～20%。

（9）用 C 语言编写的程序可移植性好，一般不用修改就能在各种型号的计算机和各种操作系统中编译运行。

（10）C 语言的学习难度较大，特别是指针、地址、函数调用等内容。

尽管 C 语言没有其他语言容易掌握，但在编写操作系统、系统实用程序及对硬件进行操作方面要明显优于其他语言，当前流行的三大操作系统 Windows、Linux、UNIX 都是用 C 语言编写的，一些大型应用软件也多用 C 语言编写而成。另外，C 语言作为教学语言也比较适用，它还是后继课程如《数据结构》《C++程序设计》的基础，所以 C 语言是一门既十分优秀又十分重要的语言。如果你想成为一名优秀的软件工程师，就必须认真地学好 C 语言。

1.1.3　C 程序的基本特点

下面给出三个 C 程序实例，让我们先对 C 程序有一个大致的了解。

【例 1.1】 一个最简单的 C 程序。

```
1 #include<stdio.h>
2 void main()/*主函数*/
3 {
4  printf("Hello world\n");/*输出函数*/
5 }
```

程序说明

这是我们看到的第一个 C 程序。整个程序只有一个主函数（main），主函数中只有一条输出语句，它的功能是在系统默认的输出设备（显示器）上输出“Hello world”。为了方便理解，我们给程序加了行号。

【例 1.2】 求两数之和。

```
1 #include<stdio.h>
2 void main()
3 {
4     int a,b,sum;/*这里定义了三个整型变量*/
5     a=1234;
6     b=5678;
7     sum=a+b;
8   printf("sum=%d\n",sum);//打印 a 和 b 之和
9 }
```

程序说明

本程序的作用是求两个整数 a 和 b 之和 sum。第 2 行中的 main 表示主函数。/*……*/和//表示注释部分，为了便于理解，我们用汉字表示注释。函数体由一对花括号“{}”括起来。第 4 行定义了三个整型变量。第 7 行的功能是使 sum 的值为 a 和 b 之和。第 8 行是输出语句，使用的是一个输出函数。

【例 1.3】通过键盘输入两个整数，比较这两个整数，并输出较大者。

```
1 int max(int x,int y)//定义 max 函数，形式参数 x、y 为整型
2 {
3 int z;                              /*max 函数中的声明部分，定义变量 z 为整型*/
4 if (x>y)z=x;
5 else z=y;
6 return (z);                         /*返回变量 z 的值，通过 max 函数代回调用处*/
7 }
8 void main( )
9 {
10    int max(int x,int y);
11    int a,b,c;
12    scanf("%d,%d,"&a,&b);           /*输入变量 a 和 b 的值*/
13    c=max(a,b);                     /*调用 max 函数，并将结果赋予变量 c*/
14    printf("max=%d",c);             /*输出变量 c 的值*/
15}
```

程序说明

本程序包括两个函数：主函数 main 和被调用的函数 max。max 函数的作用是比较 x 和 y 的值，并将较大者赋予变量 z。return 语句将变量 z 的值返回给主函数 main。main 函数中的 scanf 是输入函数，其作用是输入变量 a 和 b 的值，&a 和&b 中“&”的含义是取地址，即将两个数值分别输入变量 a 和 b 的地址所标识的内存单元中，也就是将两个数值分别赋予变量 a 和 b。第 13 行的功能是调用 max 函数，并将结果赋予变量 c。

综合上述三个 C 程序实例，我们可以了解 C 程序的基本特点。

（1）C 程序是由函数组成的。一个 C 程序至少包含一个 main 函数，也可以包含一个 main 函数和若干个其他函数。因此，函数是 C 程序的基本组成单位。被调用的函数可以是系统提供的函数，也可以是用户根据需要自己设计的函数。程序中的全部工作是由各个函数来完成的，编写 C 程序就是编写一个个函数。

（2）一个函数由两部分内容组成。

① 函数首部，即函数的第 1 行，包括函数名、函数类型、函数属性、函数参数名、参数类型。一个函数名后面必须跟一对圆括号，这也是函数的标志，可以没有函数参数，如 main()。

② 函数体，即函数首部下面花括号“{}”内的部分。如果一个函数内有多对花括号，则最外层的一对花括号“{}”内的部分为函数体的范围。函数体又包括两部分内容。

- 声明部分：声明需要用到的变量或需要调用的函数。例如，例 1.2 中的第 4 行，例 1.3 中的第 10、11 行。
- 执行部分：由若干条语句组成。例如，例 1.2 中的第 5～8 行。

当然，有时也可以没有声明部分，甚至既没有声明部分，也没有执行部分。例如：

```
dump()
{    }
```

这是一个空函数，虽然它什么都不做，但它是合法的。

（3）不论 main 函数处在程序中的什么位置，C 程序总是从 main 函数开始执行。一般而言，main 函数执行完后，程序也就结束了。也就是说，main 函数是程序的入口和出口。

（4）C 程序的书写格式自由，一行中可以有多条语句，一条语句也可以写在多行中。虽然 C 程序没有行号，但每条语句和数据定义的最后必须有一个分号。分号是 C 程序的必要组成部分。

（5）C 语言本身没有输入/输出语句，输入/输出是通过库函数 scanf 和 printf 来完成的。

（6）可以用/*……*/对 C 程序中的任何部分进行注释。

1.1.4　C 程序结构初步

从结构的角度来看，C 程序可由若干个文件组成，每个文件由预处理命令、全局变量声明及若干个函数组成，如图 1.1 所示。从程序执行流程的角度来看，C 程序可以分为三种基本结构，即顺序结构、分支结构、循环结构。这三种基本结构可以组成各种复杂结构。C 语言提供了多种语句来实现这些程序结构。本章介绍这些语句及其在顺序结构中的应用，使读者对 C 程序有一个初步的认识，为后面各章内容的学习打下基础。

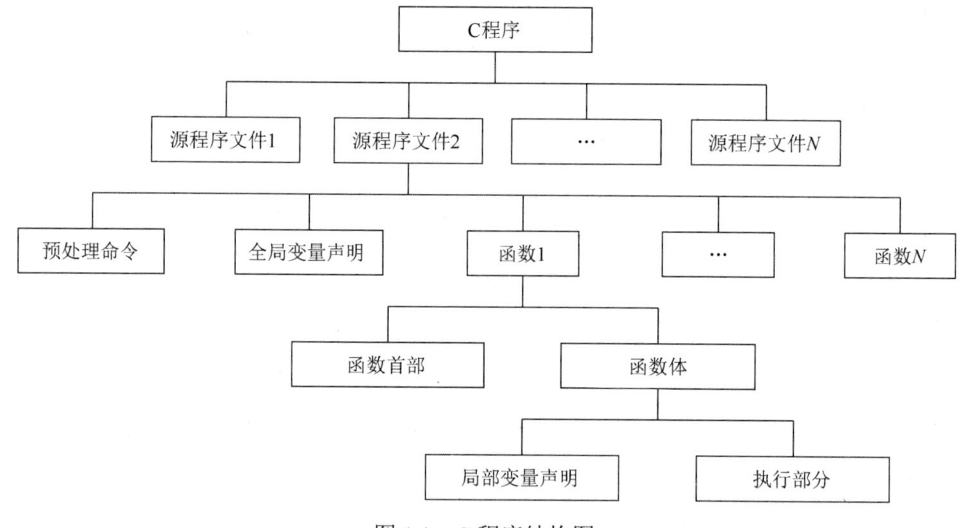

图 1.1　C 程序结构图

函数体的执行部分是由语句组成的，C 程序的功能也是由语句来实现的。

C 语言中的语句可以分为以下 5 类。

1．表达式语句

表达式语句由表达式加上分号“;”组成。

其一般形式为：

```
表达式;
```

执行表达式语句就是计算表达式的值。

例如：

```
x=y+z;                                    //赋值语句
y+z;                                      //加法运算语句，但计算结果不能保留，无实际意义
i++;                                      //自增 1 语句，i 值自增 1
```

2. 函数调用语句

函数调用语句由函数名、实际参数加上分号“;”组成。

其一般形式为：

```
函数名(实际参数表);
```

执行函数调用语句就是先调用函数体并把实际参数赋予函数定义中的形式参数，然后执行被调函数体中的语句，求取函数值。

例如：

```
printf("C Program");                      //调用库函数，输出字符串
```

3. 控制语句

控制语句用于控制程序的执行流程，以实现程序的各种结构方式，它们由特定的语句定义符组成。C 语言中共有 9 种控制语句，可以分成以下三类。

（1）条件判断语句：if 语句、switch 语句。

（2）循环执行语句：do-while 语句、while 语句、for 语句。

（3）转向语句：break 语句、goto 语句、continue 语句、return 语句。

4. 复合语句

复合语句是指把多条语句用花括号“{}”括起来而组成的语句。

在 C 程序中应把复合语句看成单条语句，而不是多条语句。

例如：

```
{
 x=y+z;
 a=b+c;
  printf("%d%d",x,a);
}
```

上述语句就是一条复合语句。

复合语句内的各条语句都必须以分号“;”结尾，在括号“}”后面不能加分号。

5. 空语句

只由分号“;”组成的语句被称为空语句。空语句是什么也不执行的语句。在 C 程序中，空语句可用来作为空循环体。

例如：

```
while(getchar()!='\n')
    ;
```

上述语句的含义是，只要通过键盘输入的字符不是回车符就重新输入。

这里的循环体就是空语句。

1.1.5 C 程序上机运行步骤

上机运行一个 C 程序，必须经过三个步骤：编辑、编译和连接、执行，如图 1.2 所示。

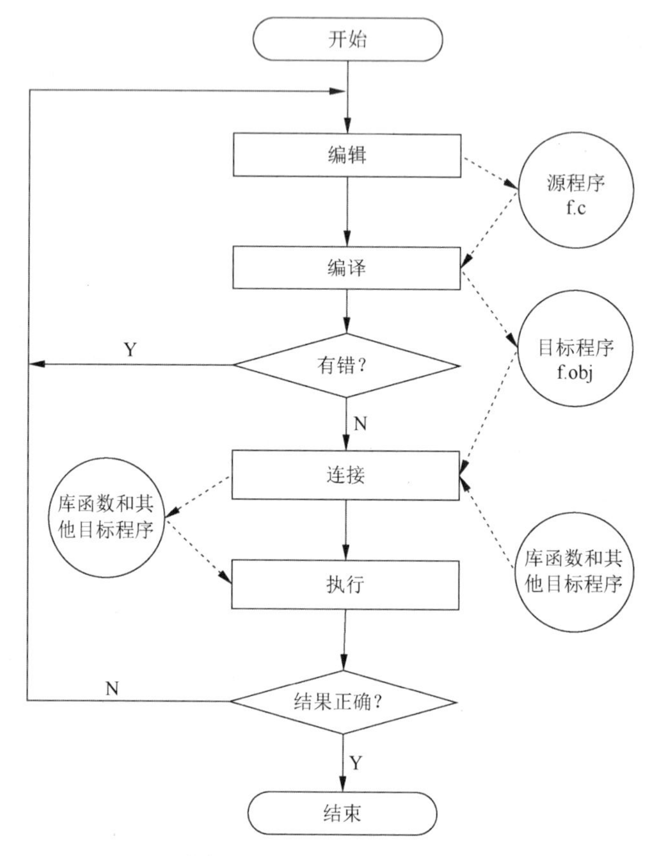

图 1.2　C 程序上机运行步骤图

1．编辑

所谓 C 程序文件，就是存放 C 程序的文件。C 程序文件可以随意命名，但其扩展名必须是.c（在以下说明中，我们假设文件名为 a.c）。编辑的目的有两种：创建新文件和修改文件。如果磁盘中没有相应的文件，则编辑的目的是创建新文件，即输入程序到文件中；如果相应的文件已经存在，则编辑的目的是修改文件。无论是创建新文件还是修改文件，编辑的最终目的都是得到一个正确的 C 程序文件。将 C 程序正确地保存在文件中后，编辑工作即宣告结束。

2．编译和连接

（1）编译的概念及其目的。对于任何高级语言程序（源程序），计算机都不能直接识别。要执行源程序，必须先将其翻译成机器语言程序（目标程序）。将源程序翻译成目标程序的过程被称为编译。编译工作由专门的编译程序完成。编译后得到的目标程序文件的扩展名为.obj（如 a.obj）。

（2）连接的概念及其目的。对于编译后得到的目标程序，虽然计算机能直接识别，但还不能直接执行，因此，目标程序可能只是整个程序的一部分，并不是完整的程序。另外，在目标程序中往往使用了一些未在本程序中定义的外部引用，如外部函数等，因此，编译后还必须把各目标程序组合起来，同时把有关代码装配在一起产生一个完整的可执行文件，之后才能直接执行。组合和装配的过程被称为连接。连接工作由专门的连接程序完成。连接后得到的文件被称为可执行文件，其扩展名为.exe（如 a.exe）。

3．执行

经过编译和连接后得到扩展名为.exe 的可执行文件，就可以直接执行了。在执行可执行文件时，系统将 CPU 的控制权交给运行程序，同时按照程序设计的步骤一步步去执行，直到程序执行完为止。

以上三个步骤分别对应相应的操作命令。不过，不同版本的 C 语言，其操作命令也会有所不同。在这里，我们选用 Turbo C 2.0 作为上机实习的工具。Turbo C 是一个集程序编辑、编译、连接、调试、执行和文件管理于一体的 C 语言集成开发环境，C 程序上机运行的三个步骤都可在此集成开发环境中完成。

1.1.6　C 语言集成开发环境

为了方便读者使用 C 语言，除了 Turbo C，本节将介绍 Win-TC、Code::Blocks 和 Visual C++ 6.0 这三种当前较为流行的 C 语言集成开发环境，为将来的进一步学习打下良好的基础。

1．Win-TC

在计算机桌面上或者“开始”菜单中找到 Win-TC，双击打开，单击“知道了”按钮，退出提示界面，即可在编程界面中进行编程，如图 1.3 所示。

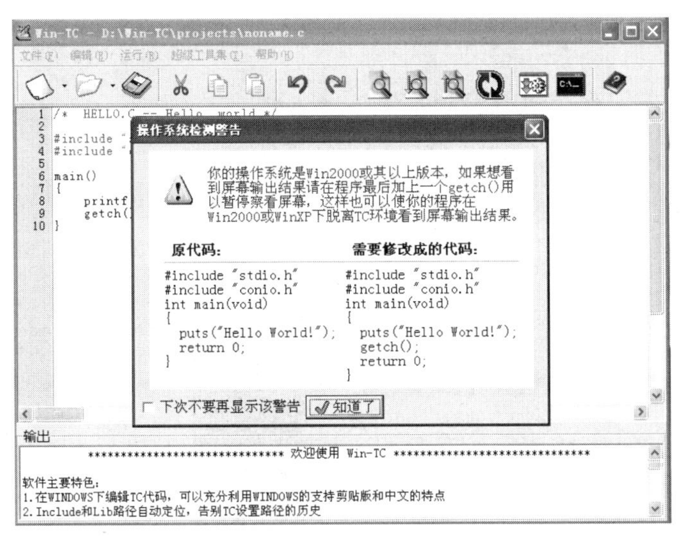

图 1.3　Win-TC 的相关界面

2．Code::Blocks

Code::Blocks 是当前较为流行且易操作的 C 语言和 C++语言集成开发环境。在计算机桌面上或者“开始”菜单中找到 Code::Blocks，双击打开，就会出现如图 1.4 所示的工作界面。单击“Create a new project”按钮，准备创建 C 程序文件。

如图 1.5 所示，首先选择“Files”选项，然后选择“C/C++ source”选项，最后单击“Go”

按钮，跳转到如图 1.6 所示的界面，选择“C”选项后单击“Next”按钮。接下来，我们需要为 C 程序文件选择存储路径（如图 1.7 所示，单击...按钮后选择存储路径）。我们拟将 C 程序文件存储在 D 盘的 C 文件夹下并命名为“HelloC”。如图 1.8～图 1.10 所示，首先双击 D 盘，然后选择 C 文件夹，接着在“文件名”文本框中输入拟创建的 C 程序文件名“HelloC”，单击“打开”按钮，最后单击“Finish”按钮，即可完成 C 程序文件的创建。创建完成的 C 程序文件编辑界面如图 1.11 所示，这时我们便可以在这个界面中编辑 C 程序了。

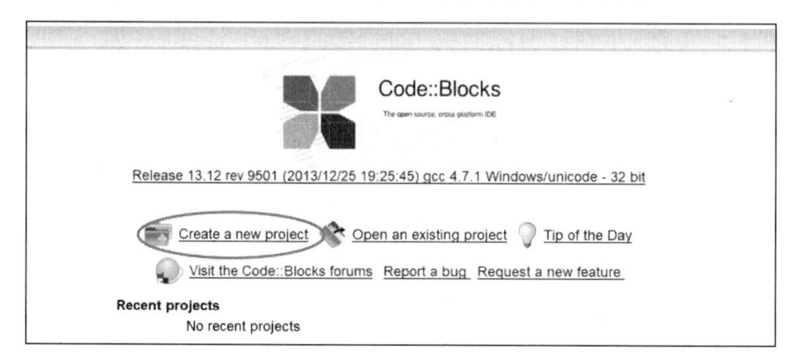

图 1.4　Code::Blocks 的工作界面

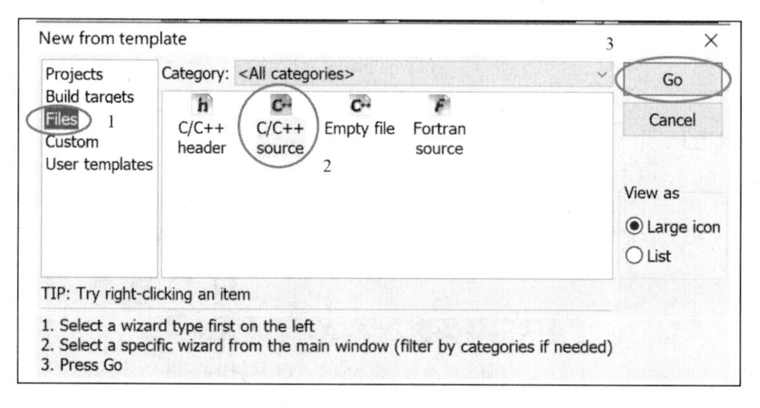

图 1.5　创建新文件

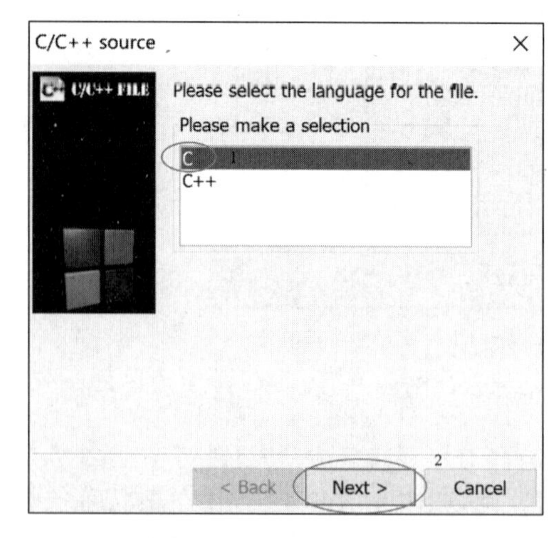

图 1.6　创建 C 程序文件

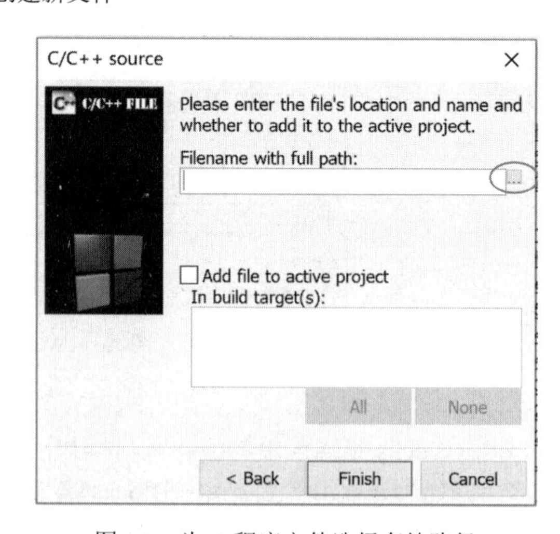

图 1.7　为 C 程序文件选择存储路径

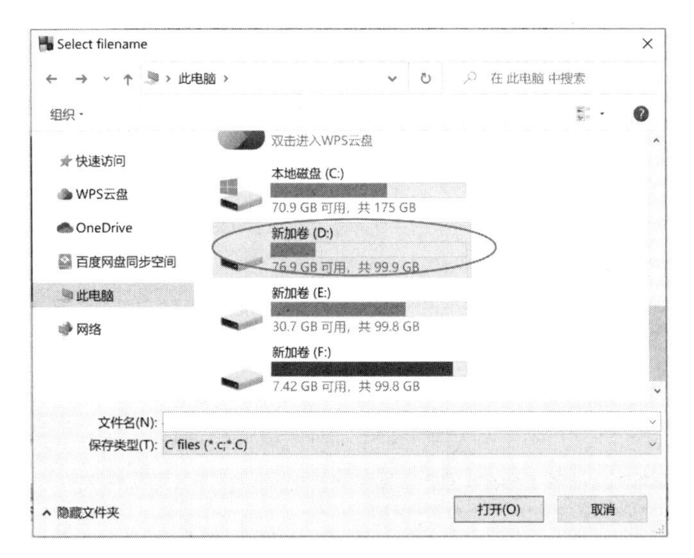

图 1.8　确定 C 程序文件的存储路径

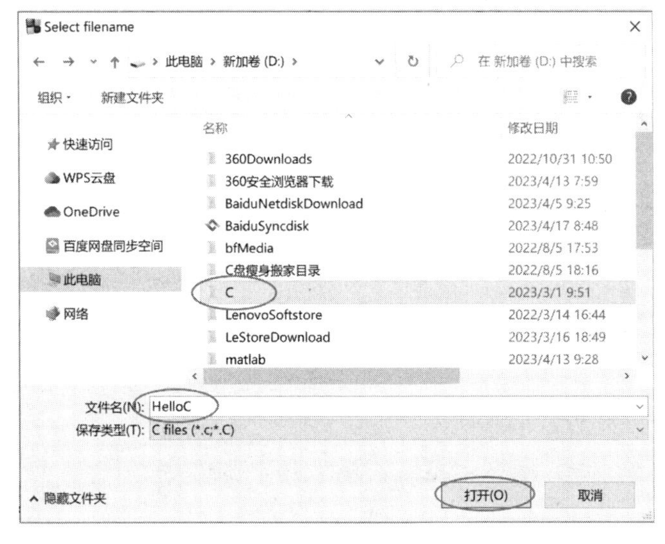

图 1.9　为 C 程序文件命名

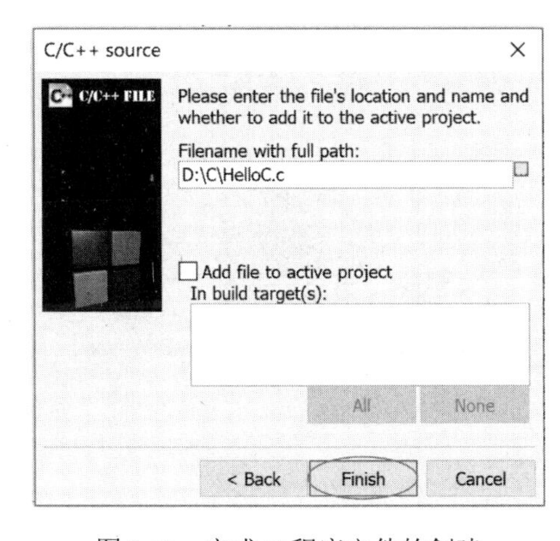

图 1.10　完成 C 程序文件的创建

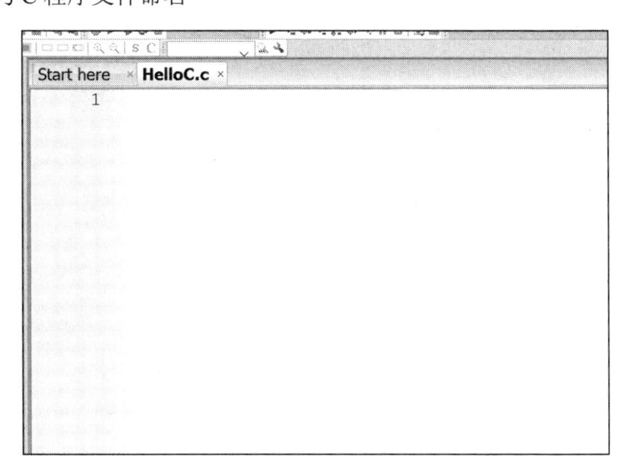

图 1.11　创建完成的 C 程序文件编辑界面

3．Visual C++ 6.0

在 Visual C++ 6.0 中运行 C 程序的具体操作步骤如下。

第一步，编辑。

（1）新建文件夹（例如，F:\P5-7）。

（2）运行 Visual C++ 6.0。选择“开始→程序→Microsoft Visual Studio 6.0→Microsoft Visual C++ 6.0”命令。

（3）新建 C 程序文件。

① 选择“File→ New”命令，弹出“New”对话框。

② 切换至“Files”选项卡，选择“C++ Source File”选项。

③ 确定文件保存位置（F:\P5-7），输入文件名（c1.c），单击“OK”按钮，如图 1.12 所示。

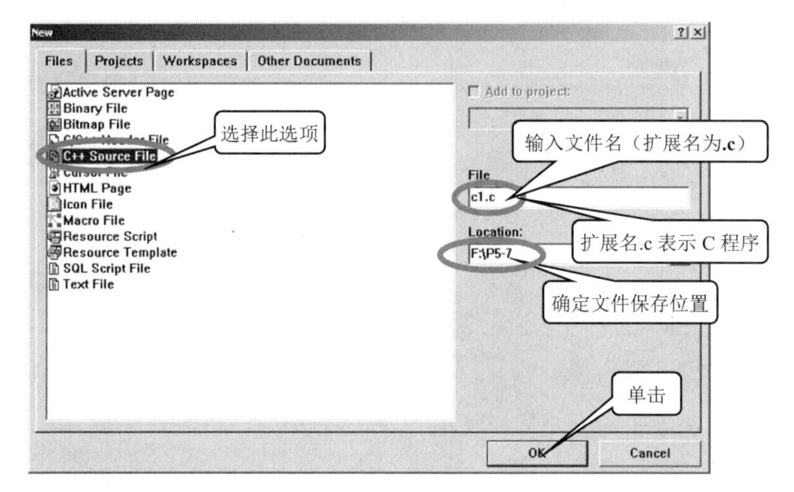

图 1.12　新建 C 程序文件

（4）输入 C 程序。在打开的程序编辑窗口中输入 C 程序，如图 1.13 所示。

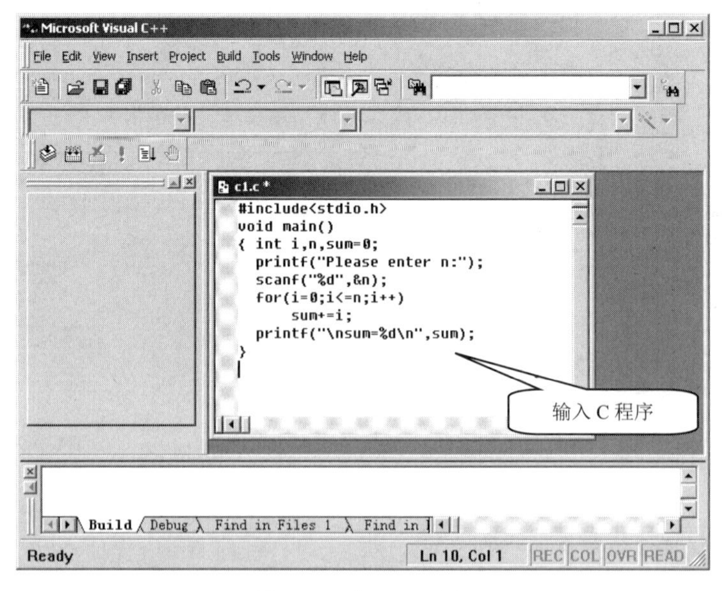

图 1.13　输入 C 程序

第二步，编译和连接。

（1）编译。选择“Build→Compile c1.c”命令或单击按钮（见图 1.14），提示建立一个有效的项目工作区（Project Workspace），单击“是”按钮（见图 1.15），得到编译结果（见图 1.16）。

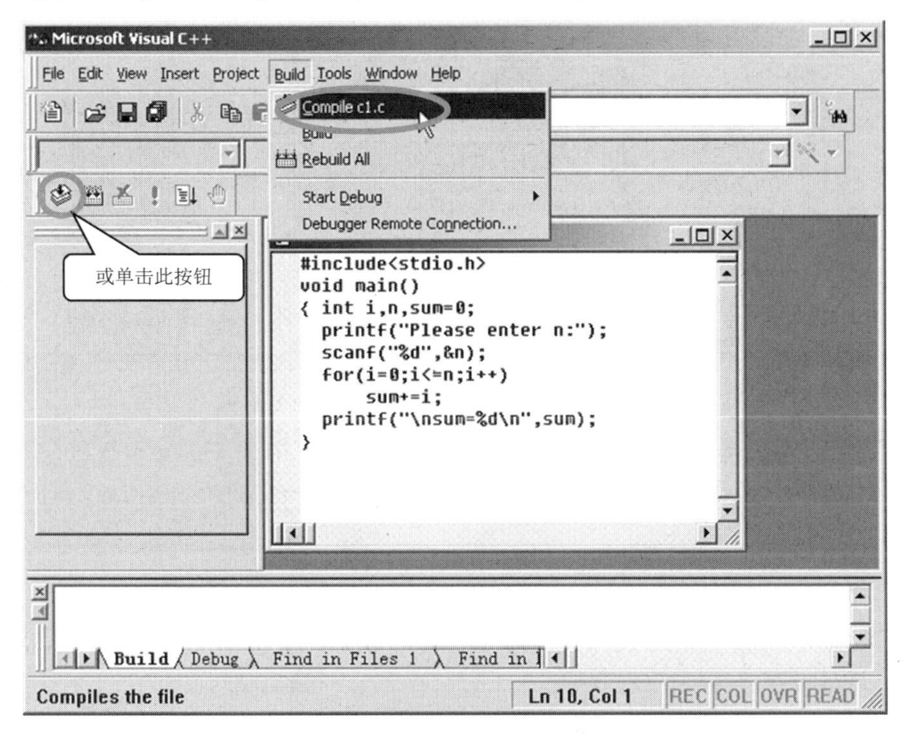

图 1.14　编译 C 程序

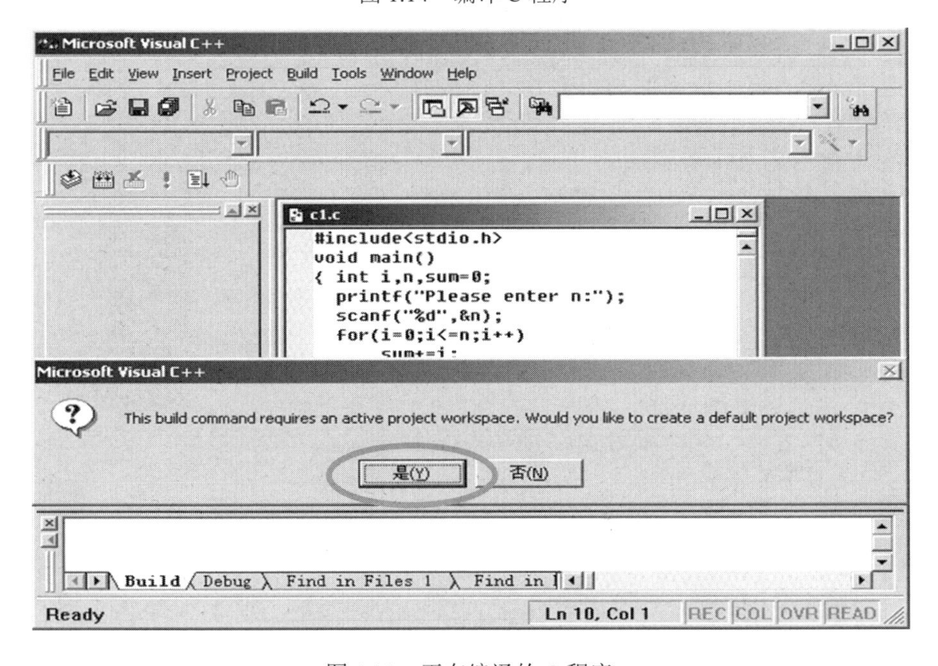

图 1.15　正在编译的 C 程序

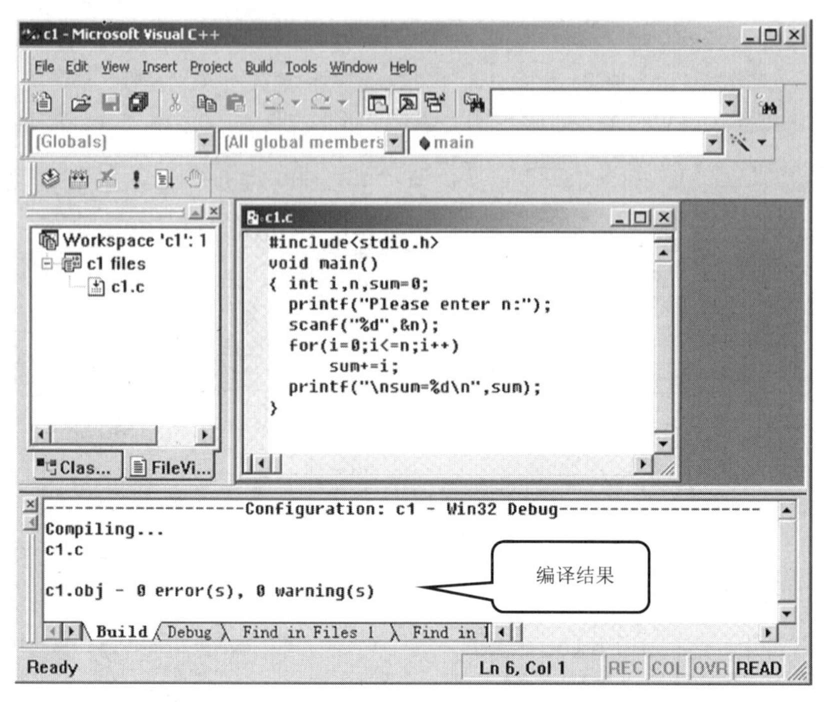

图 1.16　C 程序的编译结果

（2）连接。选择“Build→Build c1.exe”命令或单击按钮，生成可执行文件 c1.exe（文件名与源文件名相同），如图 1.17 所示。

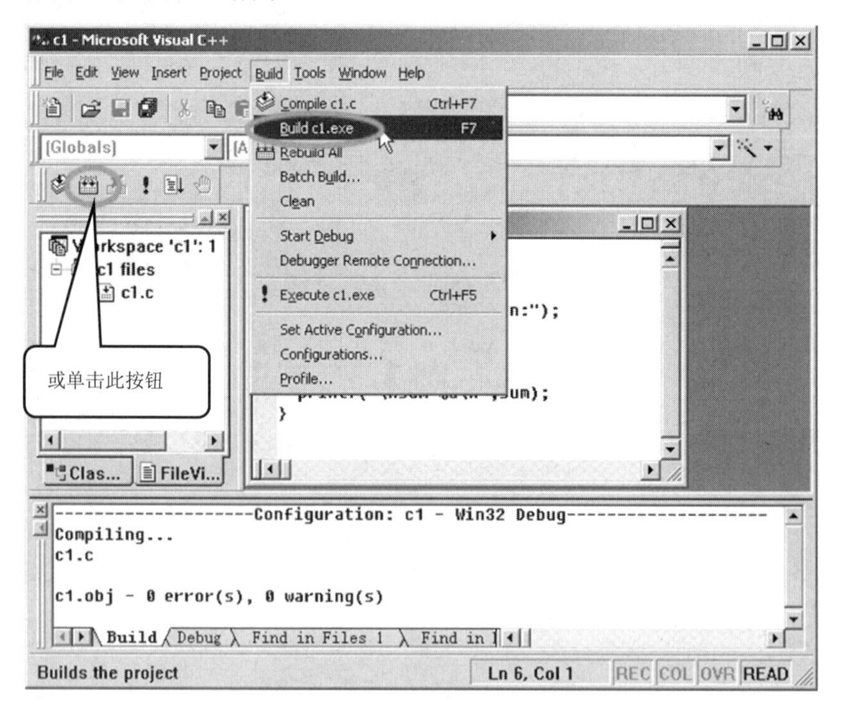

图 1.17　生成可执行文件

连接结果显示在信息显示窗口中，如图 1.18 所示。

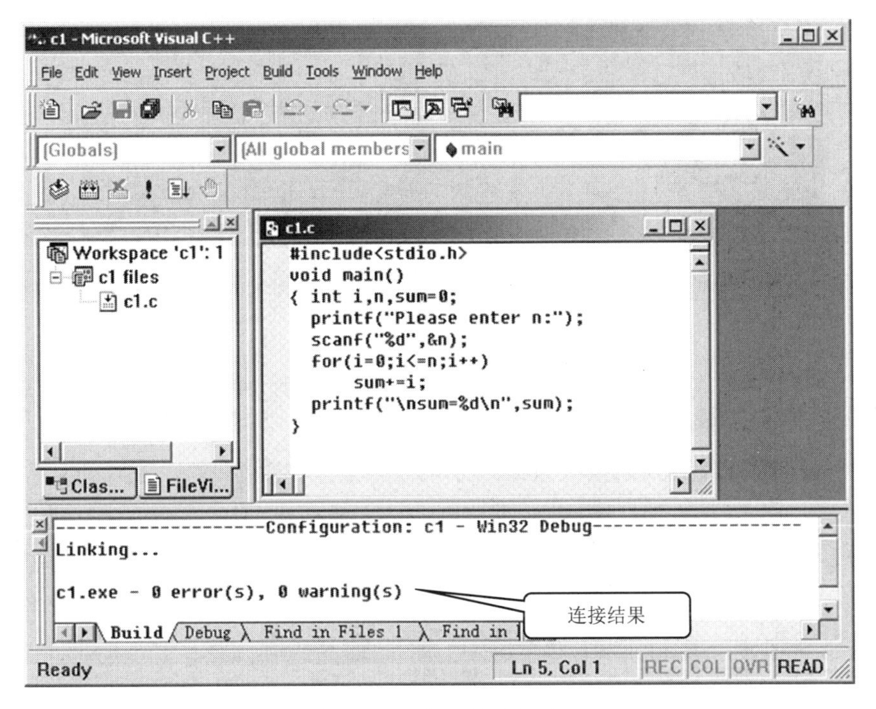

图 1.18　C 程序的连接结果

第三步，执行。

（1）选择“Build→Execute c1.exe”命令或单击 ! 按钮，执行 c1.exe 程序，如图 1.19 所示。

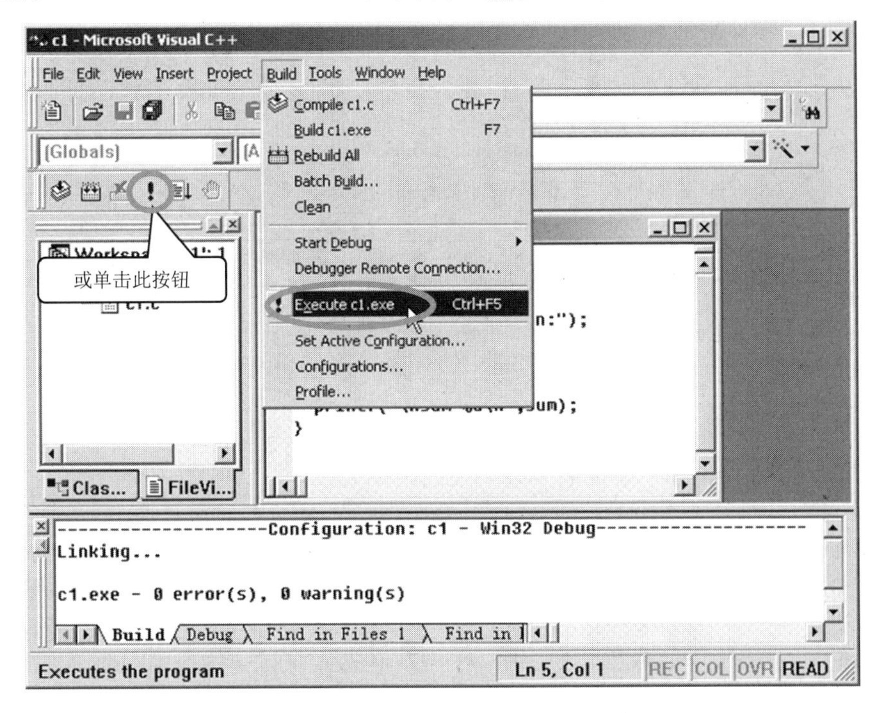

图 1.19　执行编译和连接后的 C 程序

（2）输入数据，显示执行结果，按任意键结束，如图 1.20 所示。

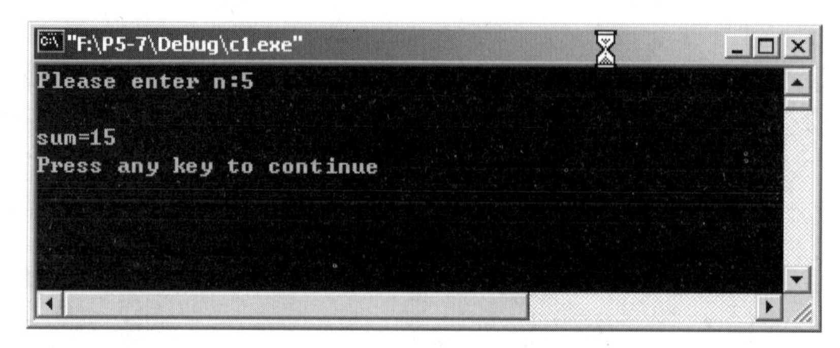

图 1.20　C 程序的执行结果

第四步，退出。

（1）选择“File → Close Workspace”命令，关闭工作区，如图 1.21 所示。

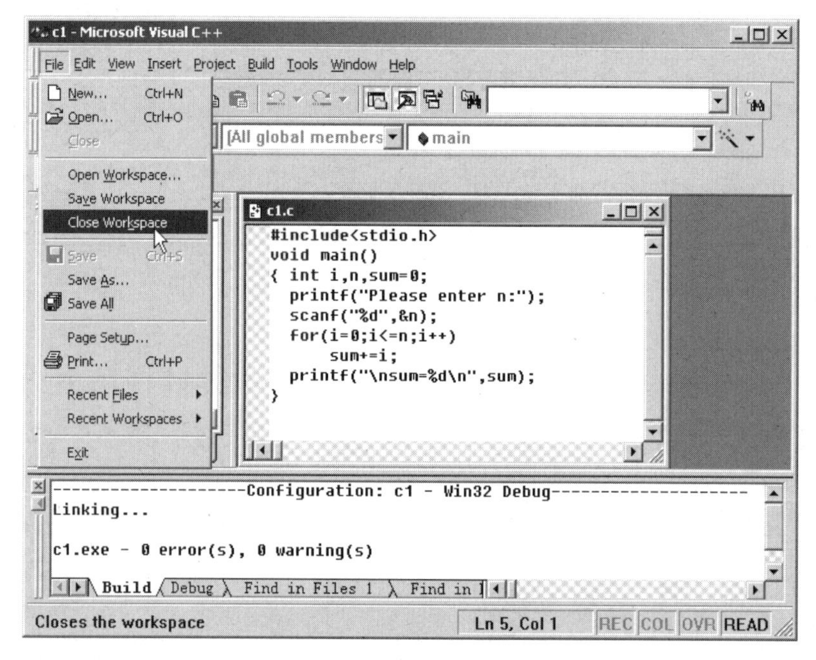

图 1.21　关闭工作区

（2）选择“File → Exit”命令，退出 Visual C++ 6.0。

1.2　软件工程概述

20 世纪 60 年代，很多软件项目都没能摆脱悲惨的结局。很多软件项目的开发时间大大超出规划时间。一些软件项目导致了财产损失，甚至导致了人员伤亡。同时软件开发人员也发现软件开发的难度越来越大，出现了“软件危机”。

1968 年秋，北大西洋公约组织（NATO）的科技委员会召集了近 50 名一流的编程人员、计算机科学家和工业界巨头，讨论和制定摆脱“软件危机”的对策，首次提出了“软件工程（Software Engineering）”这个概念。

软件工程采用的生命周期方法学就是从时间角度对软件开发和维护的复杂问题进行分解，

先把软件生存的漫长周期划分为若干个阶段，每个阶段都有相对独立的任务，然后逐步完成每个阶段的任务。把软件生存周期划分为若干个阶段，每个阶段的任务相对独立，而且比较简单，便于不同人员分工协作，从而降低了整个软件开发过程的困难程度；在软件生存周期的每个阶段都采用科学的管理技术和良好的技术方法，而且在每个阶段结束之前都从技术和管理两个角度进行严格审查，合格之后才能开始下一阶段的工作，这就使软件开发的全过程以一种有条不紊的方式进行，从而保证了软件的质量，尤其提高了软件的可维护性。

一般来说，可以将软件生存周期划分为以下几个阶段。

1. 定义阶段

定义阶段的主要任务是确定待开发的软件要做什么。即软件开发人员必须首先确定要处理的是什么信息，要实现哪些功能和性能，要建立什么样的界面，存在什么样的设计限制，以什么样的标准来确定软件开发是否成功；其次弄清楚软件的关键需求；最后确定该软件。这一阶段的工作大致分三个步骤来完成。

（1）系统分析。系统分析员通过对用户进行调查，写出关于软件性质、工程目标和工程规模的书面报告，与用户协商，达成共识。

（2）制订软件项目计划。软件项目计划包括工作域确定、风险分析、资源规划、成本核算、工作任务和进度安排等内容。

（3）需求分析。对待开发的软件提出的需求进行分析并给出详细的定义。软件开发人员与用户共同讨论决定哪些需求是可以得到满足的，并对其加以确切描述。

2. 开发阶段

开发阶段的主要任务是确定待开发的软件应该怎样实现。即软件开发人员必须确定待开发的软件采用怎样的数据结构和体系结构，设计怎样的过程细节，怎样把程序设计语言转换为编程语言，以及怎样进行测试等。这一阶段的工作大致分三个步骤来完成。

（1）软件设计。软件设计主要是把对软件的需求翻译为一系列的表达式（如图形、表格、伪码等）来描述数据结构、体系结构、算法过程及界面特征等。软件设计又分为概要设计和详细设计。其中，概要设计主要进行软件体系结构的设计；详细设计主要进行软件算法过程的实现。

（2）编码。编码主要是依据设计表达式编写出正确的、容易理解和维护的模块。软件开发人员应该根据目标软件的性质和实际运行环境，选取一种恰当的程序设计语言，把详细设计的结果翻译成用选定的语言编写的模块，并且仔细测试每个模块。

（3）软件测试。软件测试主要是通过各种类型的测试及相应的调试，发现功能、逻辑和实现上的缺陷，以使软件达到预先确定的要求。

3. 维护阶段

维护阶段的主要任务是进行各种修改，以使软件能持久地满足用户的需求。维护阶段要进行软件的再定义和再开发，与前两个阶段有所不同的是，这些工作是在软件已经存在的基础上进行的。

在完成软件开发的全过程后，为了确保软件的质量，必须组织评审。此外，为了保证系统信息的完整性和软件使用的便利性，还要形成相应的详细文档。

1.2.1　软件需求分析

软件工程的实践告诉我们，软件开发失败的原因往往在于需求分析没有做好，而需求分析没有做好的原因又往往在于软件开发人员与用户之间缺乏良好的沟通与合作。用户往往不能确切而清楚地说明自己的需求，甚至还要保留在软件开发过程中随时修改需求的权利。这样一来，软件开发人员就很难做出恰当的需求分析，也就很难保证软件开发任务的顺利完成。

需求分析是软件定义阶段的最后一个步骤。需求分析的过程就是对可行性研究确定的系统功能进一步具体化，并通过系统分析员与用户之间的广泛交流，最终生成一份完整、清晰、一致的软件需求规格说明书的过程。

1. 需求分析的过程

需求分析的过程可分成以下几个步骤。

（1）通过对现实环境的调查研究，获取当前系统的物理模型。

（2）分析需求，建立当前系统的分析模型。

（3）整理综合需求，编写软件需求规格说明书。

（4）验证需求，完善对目标系统的描述。

2. 需求分析的任务

需求分析的任务有如下两个。

（1）认清问题，分析资料，建立分析模型。

（2）编写软件需求规格说明书。

3. 需求分析的步骤

需求分析可归纳为 4 个步骤：需求获取、分析建模、文档编写、需求验证。

（1）需求获取。需求获取通常从分析当前系统包含的数据开始，最终建立当前系统的物理模型。

（2）分析建模。分析模型的建立过程就是对目标系统的综合要求及数据要求的分析综合的过程。

（3）文档编写。软件需求规格说明书是软件需求分析阶段生成的主要文档。

（4）需求验证。在软件需求规格说明书中可能存在需求不一致、二义性等问题，这些问题必须通过软件需求分析的验证、复审来发现，以确保软件需求规格说明书可作为软件设计和最终系统验收的依据。

为了更好地进行沟通和下一步开发，在需求分析阶段通常会建立分析模型。软件开发人员一般使用数据流图（见图 1.22 和图 1.23）进行建模。

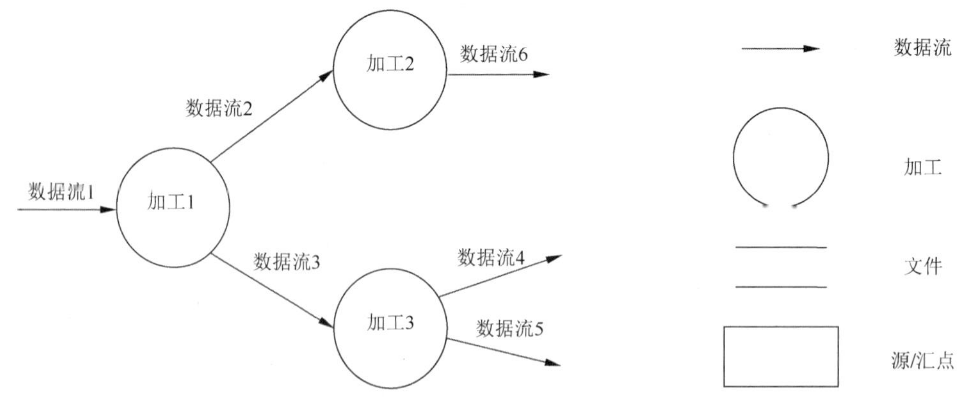

图 1.22　数据流图的基本形式　　图 1.23　数据流图的基本组成符号

1.2.2　软件概要设计

在概要设计阶段，软件开发人员要将确定的各项功能需求转换成需要的体系结构，在该体系结构中，每个成分都是意义明确的模块，即每个模块都和某些功能需求相对应。所谓模块，是指具有相对独立性的，由数据说明、执行语句等程序对象构成的集合。程序中的每个模块都需要单独命名，通过模块名即可实现对指定模块的访问。在高级语言中，模块具体表现为函数、子程序、过程等。一个模块具有输入/输出（接口）、功能、内部数据和程序代码 4 个特征。输入/输出用于实现模块间的数据传递，即向模块传入所需的原始数据及从模块传出得到的结果数据。功能是指模块所完成的工作。输入/输出和功能反映的是模块的外部特征。内部数据是指仅能在模块内部使用的局部量。程序代码用于描述实现模块功能的具体方法和步骤。内部数据和程序代码反映的是模块的内部特征。因此，概要设计主要设计软件的体系结构，即该体系结构由哪些模块组成，这些模块的层次结构是怎样的，这些模块的调用关系是怎样的，每个模块的功能是什么。此外，概要设计还设计应用系统的总体数据结构和数据库结构，即应用系统要存储什么数据，这些数据采用什么样的结构，它们之间有什么关系等。

在概要设计阶段，软件开发人员会大致考虑并照顾模块的内部特征，但不会过多关注于此，他们的工作主要集中于划分模块、分配任务、定义模块的调用关系。模块间的接口与参数间的传递在这个阶段中要定义得十分细致、明确，因此，软件开发人员应编写严谨的数据字典，避免后续设计产生不解或误解。概要设计一般不是一次到位的，而是需要反复调整的。典型的调整是合并功能重复的模块，或者进一步分解出可以复用的模块。软件开发人员应最大限度地提取可以复用的模块，建立合理的体系结构，以减少后续环节的工作量。

概要设计文档的重要组成部分包括分层数据流图、结构图、数据字典及相应的文字说明等。以概要设计文档为依据，各个模块的详细设计就可以并行展开了。

1.2.3　软件详细设计

概要设计阶段的任务是以比较抽象、概括的方式提出解决问题的办法，而详细设计阶段的任务是将解决问题的办法具体化。详细设计是软件设计的第二个阶段，该阶段的主要目的是在体系结构设计的基础上，为软件中的每个模块确定相应的算法及内部数据结构，获得目标系统具体实现的精确描述，为编码工作做好准备。详细设计虽然没有具体地进行程序的编写，但是对软件实现的详细步骤进行了精确的描述，因此，详细设计的结果基本决定了程序代码的最终质量。

软件的可测试性、可维护性是提高软件质量、延长软件生存周期的重要保障，其与程序的易读性有很大关系。详细设计的目标不仅是在逻辑上正确地实现每个模块的功能，还是使设计出来的处理过程清晰易读。结构化程序设计是实现该目标的关键技术之一，它能够指导软件开发人员用良好的思想方法开发易于理解、验证的程序。结构化程序设计有以下几个基本要点。

1．采用自顶向下、逐步求精的程序设计方法

在需求分析、概要设计中都采用了自顶向下、逐步求精的程序设计方法。这种方法使用“抽象”的手段，上层对问题、模块和数据进行抽象，下层则进一步分解，进入另一个抽象层次。

详细设计虽然是“具体”的设计阶段，但在设计某个模块的内部处理过程时，仍可以逐步求精，降低处理细节的复杂度。

2. 使用三种基本控制结构构造程序

任何程序都可以由顺序、选择及循环三种基本控制结构构造。这三种基本控制结构的共同点是单入口、单出口。结构化程序设计不但能有效地限制使用 goto 语句，还创立了一种新的程序设计思想、方法和风格，同时为自顶向下、逐步求精的程序设计方法提供了具体的实施手段。例如，在对一个模块的内部处理过程进行细化时，一开始是模糊的，可以用下面三种方式对模糊过程进行分解。

（1）用顺序方式对模糊过程进行分解，确定各部分的执行顺序。

（2）用选择方式对模糊过程进行分解，确定某部分的执行条件。

（3）用循环方式对模糊过程进行分解，确定某部分重复的开始和结束条件。

对仍然模糊的部分反复使用以上分解方法，最终可将所有细节确定下来。

1.2.4 软件编码实现

1. 程序设计语言

程序设计语言基本上可以分为面向机器语言和高级语言（包括超高级语言 4GL）两大类。

（1）面向机器语言。面向机器语言包括机器语言和汇编语言两类。

（2）高级语言。从语言的应用特点来看，高级语言可以分为基础语言、现代语言和专用语言三类。从语言的内在特点来看，高级语言可以分为系统实现语言、静态高级语言、块结构高级语言和动态高级语言四类。

程序设计语言是人与计算机交流的媒介。软件开发人员应该了解程序设计语言各方面的特点，以及这些特点对软件质量的影响，以便在需要为一个特定的开发项目选择语言时做出合理的选择。

程序设计语言的选择标准分为理想标准和实践标准。

1）理想标准

（1）应该有理想的模块化机制，以及可读性好的控制结构和数据结构，以使程序容易测试和维护，同时降低软件生存周期耗费的总成本。

（2）应该使编译程序尽可能多地发现程序中的错误，以便调试和提高软件的可靠性。

（3）应该有良好的独立编译机制，以降低软件的开发和维护成本。

2）实践标准

（1）语言自身的功能。

（2）系统用户的要求。

（3）开发和维护成本。

（4）软件的兼容性。

（5）可以使用的软件工具。

（6）软件的可移植性。

（7）开发系统的规模。

（8）软件开发人员的知识水平。

2. 编码风格

编码风格又称程序设计风格或编程风格。风格原指作家、画家在创作时喜欢和习惯使用的表达自己作品题材的方式，而编码风格实际上指编程的基本原则。

拥有良好的编码风格有助于软件开发人员编写出可靠且容易维护的程序。可以说编码风格在很大程度上决定着软件的质量。

软件=程序+文档。源程序文档化包括选择标识符（变量和标号）的名字、安排注释及程序的视觉组织等。

1）符号名的命名

符号名又称标识符，包括模块名、变量名、常量名、标号名、子程序名、数据区名、缓冲区名等。这些名字应能反映它所代表的实际东西，并具有一定的实际意义，使程序阅读者一目了然，增强程序的可读性。例如，平均值用 average 表示，和用 sum 表示，总量用 total 表示。

2）程序中的注释

程序中的注释是程序员与程序阅读者之间通信的桥梁。注释不仅能够帮助程序阅读者理解程序，而且能够为后续进行程序测试和维护提供明确的指导信息。因此，注释是十分重要的。大多数程序设计语言允许使用自然语言来编写注释，这给程序阅读者带来了很大的便利。注释分为序言性注释和功能性注释。

3）标准的书写格式

应用统一的、标准的格式来书写源程序清单，有助于增强程序的可读性。标准的书写格式如下：

（1）用分层缩进的写法显示嵌套结构层次。

（2）在注释段周围加上边框。

（3）在注释段与程序段及不同的程序段之间插入空行。

（4）每行只写一条语句。

（5）在书写表达式时适当使用空格或圆括号作为分隔符。

一个程序如果写得密密麻麻，分不出层次来，那么程序阅读者将很难看懂。优秀的程序员总能恰当地利用空格、空行和缩进编写出清晰易读的程序：恰当地利用空格，可以突出运算的可读性，避免发生运算错误；自然的程序段之间可用空行隔开；缩进也被称为向右缩格或移行。

1.3　小结

本章介绍了“软件危机”的产生，引入了“软件工程”这一基本概念，阐述了从需求分析到编码实现的软件开发过程，围绕编码对 C 语言的发展简史与特点、C 程序的基本特点、C 程序结构初步、C 程序上机运行步骤、C 语言集成开发环境进行了讲解。在 C 程序中通过函数支持模块化，在后面的章节中我们将围绕项目中各个模块的实现详细讲述 C 语言的语法知识。

第2章

成绩管理系统项目综述

我们通过对某学校进行实地调查，发现其现行的成绩管理工作都采用传统的手工管理方式，工作效率低，工作质量差，已无法满足当前学校成绩管理的需求，因而需要改进传统的成绩管理模式，实现科学化管理。

2.1 系统功能分析与概要设计

2.1.1 需求分析与功能描述

成绩管理系统包括教学管理功能、成绩管理功能（教师使用）、权限说明等内容。

1．教学管理功能

（1）新学期所开设课程的输入与查询。例如，在2022年上学期开设课程C语言和数学。

说明：所有课程成绩均由两部分组成，分别为平时成绩和期末成绩，所占比重分别为30%和70%。在该系统中，这两部分成绩及其所占比重是固定不变的。

（2）各科课程安排的输入与查询。课程安排即该学期每门学科的选课课程、任课教师、上课时间和上课地点。

说明：这里的课程均假设为公共基础课，不同的行政班可以由不同的教师授课。

2．成绩管理功能（教师使用）

（1）输入成绩。用户既可以单个输入成绩，也可以批量输入成绩。其中，批量输入以成绩单为单位，每次从系统中调出一张成绩单，编辑完成后一次性提交。

成绩单中包括学期、院系、专业、课程、任课教师、学生成绩等信息。

（2）查询成绩。单个查询（学生可使用）根据学生的学号或姓名查询出该学生所有课程的成绩信息。批量查询以成绩单为单位，每次查询出一张成绩单。

（3）打印成绩。用户既可以一次打印一张成绩单，也可以按要求批量打印成绩单。

（4）统计和调整成绩。对成绩单上的成绩进行统计，指出各个分数段的人数分布情况。有时学生的成绩整体上偏低，需要进行调整，系统可以按照用户设置的成绩调整规则对成绩单上的成绩进行调整。

成绩调整规则：将成绩单上总分在某一分数段的学生成绩调整到另一分数段。例如，将50～60分的学生成绩全部调整到60～65分。为了使调整过程尽可能合理，用户还可以对待调整分数段的学生成绩进行限制，例如，设置其笔试成绩必须在 50 分以上，而对平时成绩则可以适当放宽限制。

（5）将每学期考试不及格的学生自动纳入新学期的补考或重修教学计划中。

3．权限说明

（1）管理员可使用的功能：教师信息管理、系统显示、课程管理、教学计划管理、学生成绩查询。

（2）教师可使用的功能：对学生成绩的添加、删除、修改、查询、分析、调整。

（3）学生可使用的功能：查询单个学生的所有成绩、班级成绩、学生平均成绩、最高分、最低分等。

2.1.2　系统概要设计

成绩管理系统整体结构图如图 2.1 所示。

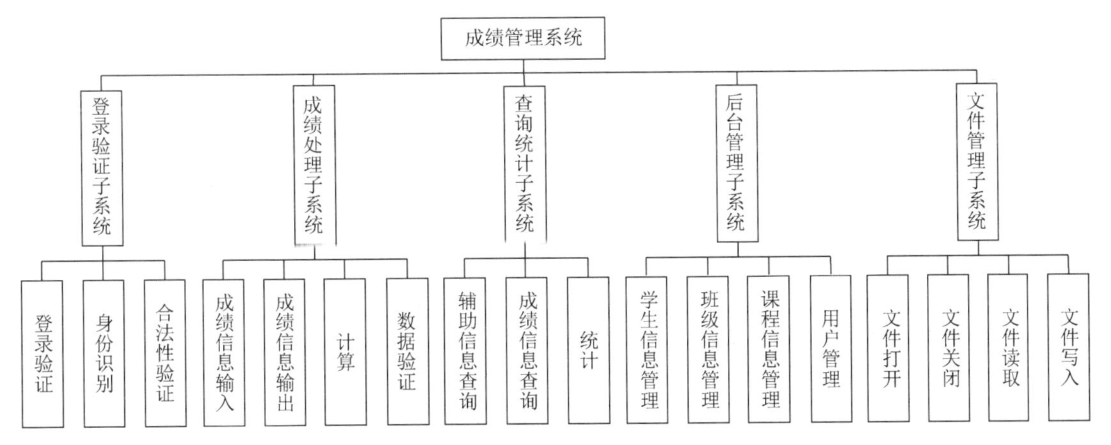

图 2.1　成绩管理系统整体结构图

2.2　算法描述工具与系统详细设计

2.2.1　算法描述工具

做任何事情都有一定的步骤。为了解决一个问题而采取的方法和步骤被称为算法。

一个程序应包括以下内容。

（1）对数据的描述。在程序中要指定数据的类型和组织形式，即数据结构（Data Structure）。

（2）对操作的描述，即操作步骤，也就是算法（Algorithm）。

Nikiklaus Wirth 提出的公式：程序=数据结构+算法。

本书认为，程序=算法+数据结构+程序设计方法+语言工具和环境。

本书的写作目的是让读者了解项目从分析到设计再到实现的基本脉络，重点围绕模块的开发展开 C 语言基本语法知识的讲解，以简单程序的开发引导读者循序渐进地掌握使用 C 语言进行程序设计及项目开发的方法和步骤。

（3）计算机算法，即计算机能够执行的算法。

计算机算法可分为两大类。

① 数值运算算法：用于求解数值。

② 非数值运算算法：用于事务管理领域。

下面针对以上内容进行详细说明。

1．程序流程图

程序流程图是最早出现且使用较为广泛的算法描述工具之一，能够有效地描述问题求解过程中的逻辑结构。程序流程图中经常使用的基本符号如图 2.2 所示。其中，矩形代表处理过程，平行四边形代表数据输入/输出，菱形代表条件判断，箭头代表控制流，椭圆形代表起止点。

图 2.2　程序流程图中经常使用的基本符号

为了使程序流程图支持结构化程序设计，在程序流程图中只能使用以下 5 种基本控制结构。

1）顺序型结构

顺序型结构由几个连续的处理过程依次排列构成，如图 2.3 所示。

2）选择型结构

选择型结构列举出两个处理过程，它将根据判定条件的取值选择其中一个处理过程执行，如图 2.4 所示。

3）WHILE 型循环结构

WHILE 型循环是先判定型循环，当循环控制条件成立时，它将重复执行某些特定的处理过程，如图 2.5 所示。

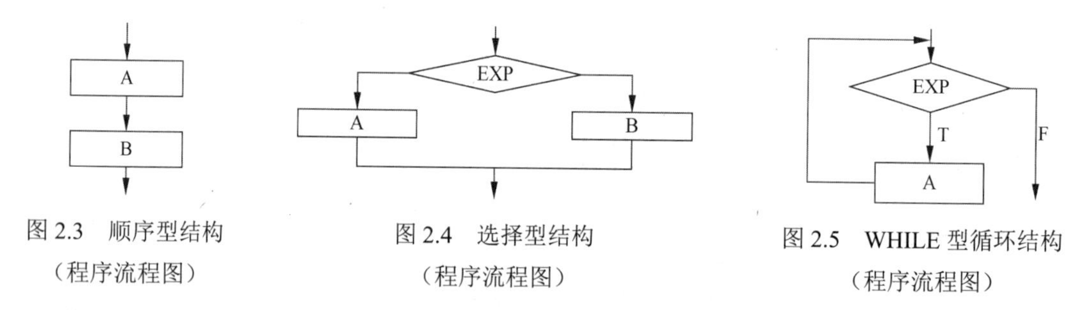

图 2.3　顺序型结构（程序流程图）

图 2.4　选择型结构（程序流程图）

图 2.5　WHILE 型循环结构（程序流程图）

4）UNTIL 型循环结构

UNTIL 型循环是后判定型循环，它将重复执行某些特定的处理过程，直到控制条件成立为止，如图 2.6 所示。

5）多重分支结构

多重分支结构列举出多个处理过程，它将根据判定条件的取值选择其中一个处理过程执行，如图 2.7 所示。

程序流程图的主要优点在于对程序的控制流程描述直观、清晰，使用灵活，便于阅读和掌握。但是，随着程序设计方法的发展，程序流程图的许多缺点逐渐暴露出来。

程序流程图的主要缺点如下：

（1）在程序流程图中可以随心所欲地使用流程线，这样容易造成程序控制结构的混乱，与结构化程序设计的思想相违背。

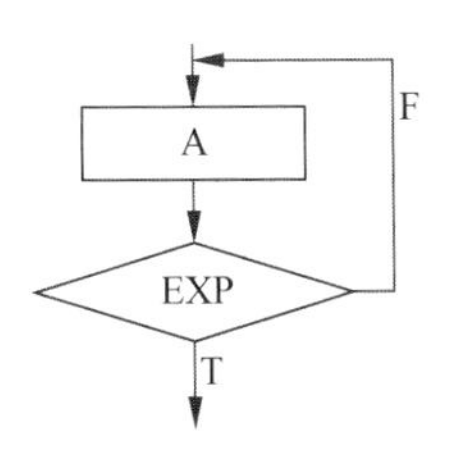

图 2.6　UNTIL 型循环结构（程序流程图）

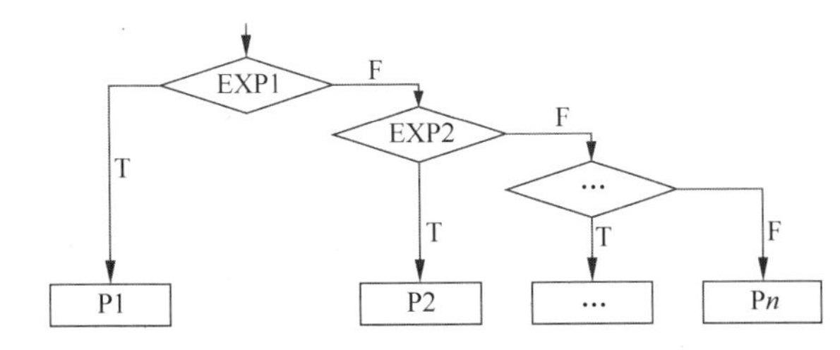

图 2.7　多重分支结构（程序流程图）

（2）程序流程图难以描述逐步求精的过程，容易导致软件开发人员过早地考虑程序的控制流程而忽略程序全局结构的设计。

（3）程序流程图难以表示系统中的数据结构。

正是由于程序流程图存在这些缺点，越来越多的软件开发人员放弃使用它，转而选择其他更有利于结构化程序设计的算法描述工具，比如 N-S 图。

2. N-S 图

N-S 图又称盒图，它是为了保证结构化程序设计而由 Nassi 和 Shneiderman 共同提出的一种算法描述工具。在 N-S 图中，所有的程序结构均使用矩形表示，它可以清晰地表达结构中的嵌套及模块的层次关系。由于 N-S 图中没有流程线，不可以随意转移控制，因而它表达出来的程序结构必然符合结构化程序设计的思想，有利于培养软件开发人员良好的编码风格。但是，当结构中的嵌套及模块的层次较多时，N-S 图的内层矩形会越画越小，不仅影响可读性，而且不易修改。

在 N-S 图中，为了表示 5 种基本控制结构，规定了 5 种图形构件。

1）顺序型结构

在顺序型结构中，先执行 A，再执行 B，如图 2.8 所示。

2）选择型结构

在选择型结构中，如果条件成立，则执行 T 下面的 A；如果条件不成立，则执行 F 下面的 B，如图 2.9 所示。

3）WHILE 型循环结构

在 WHILE 型循环结构中，先判断 EXP 的值，再执行 S，如图 2.10 所示。其中，EXP 是循环条件，S 是循环体。

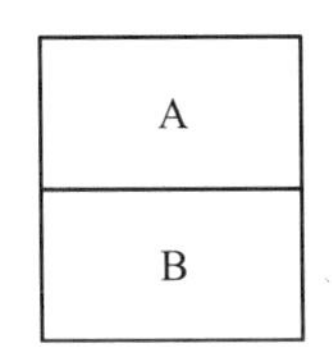

图 2.8　顺序型结构（N-S 图）

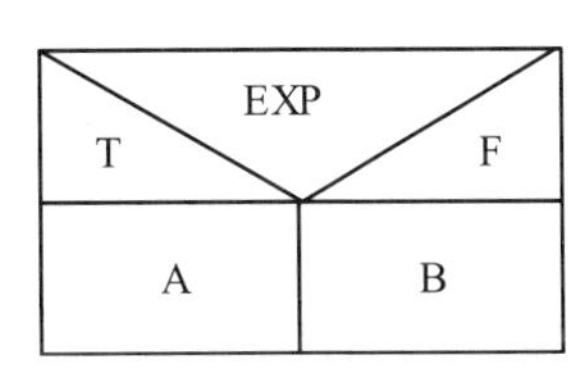

图 2.9　选择型结构（N-S 图）

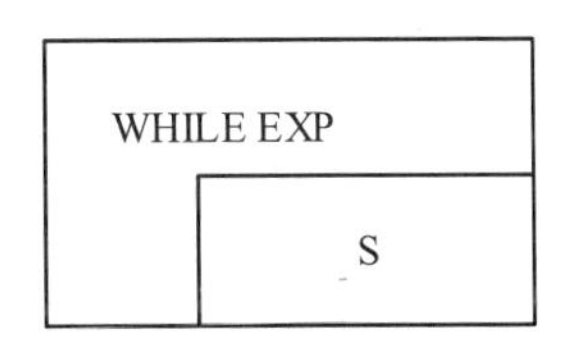

图 2.10　WHILE 型循环结构（N-S 图）

4）UNTIL 型循环结构

在 UNTIL 型循环结构中，先执行 S，再判断 EXP 的值，如图 2.11 所示。

5）多重分支结构

在多重分支结构中，判断 CASE 条件，与 CASE 条件 1 匹配就执行 A1 部分，与 CASE 条件 2 匹配就执行 A2 部分，依次类推，如图 2.12 所示。

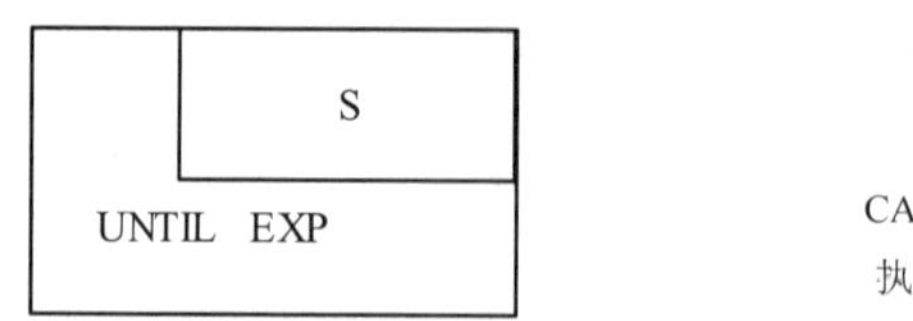

图 2.11　UNTIL 型循环结构（N-S 图）

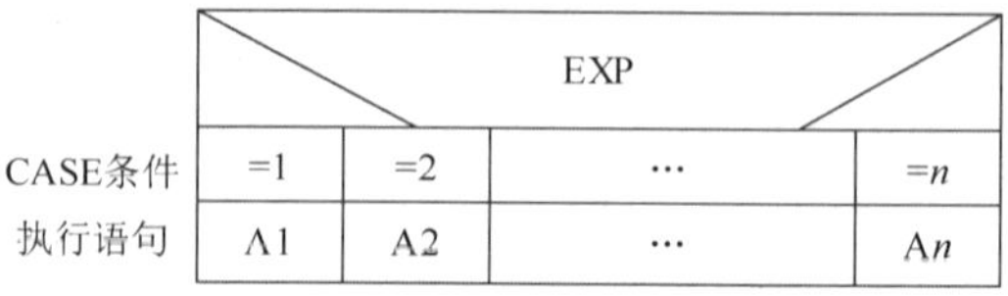

EXP			
CASE条件	=1	=2	…	=n
执行语句	A1	A2	…	An

图 2.12　多重分支结构（N-S 图）

2.2.2　系统详细设计

案例 1：对成绩管理系统中的学生成绩计算模块进行详细设计，采用程序流程图进行描述，如图 2.13 所示。

功能描述：自动生成总成绩并计算绩点。学生的总成绩由平时成绩和期末成绩两部分组成。平时成绩和期末成绩已经过换算，当平时成绩低于 10 分时，学生的总成绩被记为 0 分。

案例 2：对成绩管理系统中的学生成绩计算模块进行详细设计，采用 N-S 图进行描述，如图 2.14 所示。

功能描述：自动生成总成绩并计算绩点。学生的总成绩由平时成绩和期末成绩两部分组成。平时成绩和期末成绩已经过换算，当平时成绩低于 10 分时，学生的总成绩被记为 0 分。

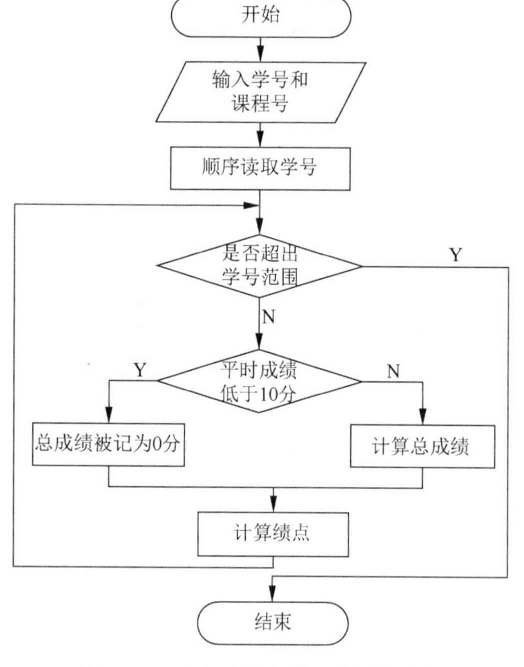

图 2.13　学生成绩计算程序流程图

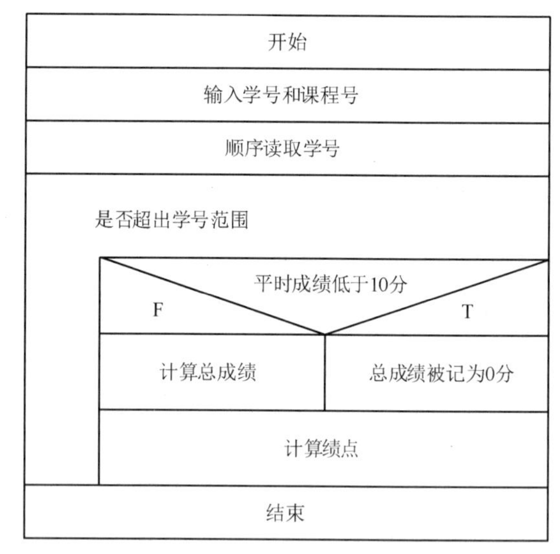

图 2.14　学生成绩计算 N-S 图

2.3　C 程序的基本组成单位

我们在前面提到，C 程序是由函数组成的。虽然前面介绍的程序中大都只有一个主函数 main，但实际程序往往由多个函数组成。函数是 C 程序的基本模块，通过对函数的调用可以实现特定的功能。C 语言中的函数相当于其他高级语言中的子程序。C 语言不仅提供了极为丰富的库函数（如 Turbo C、MS C 都提供了 300 多个库函数），还允许用户自定义函数。用户可以把自己的算法编写成一个个相对独立的函数，用调用的方法来使用函数。可以说 C 程序的全部工作是由各式各样的函数完成的，所以我们也把 C 语言称为函数式语言。

由于采用了函数模块式的结构，因而 C 语言易于实现结构化程序设计。

在 C 语言中，可以从不同的角度对函数进行分类。

从函数定义的角度来看，函数可以分为库函数和用户定义函数两种类型。

（1）库函数。库函数由 C 系统提供，用户无须定义，也不必在程序中进行类型说明，只需在程序的开头包含该函数原型所在的头文件即可在程序中直接调用。在前面的例子中反复用到的 printf、scanf、getchar 函数均属于库函数。

（2）用户定义函数。用户定义函数是由用户按需编写的函数。对于用户定义函数，不仅要在程序中定义函数本身，还要先在主调函数中对该被调函数进行类型说明，之后才能使用。

C 语言中的函数兼有其他语言中的函数和过程两种功能，从这个角度来看，函数可以分为有返回值函数和无返回值函数两种类型。

（1）有返回值函数。有返回值函数执行完后将向调用者返回一个执行结果，这个执行结果被称为函数返回值。数学函数就属于此类函数。用户在定义此类函数时必须明确返回值的类型。

（2）无返回值函数。无返回值函数用于完成某项特定的处理任务，执行完后不向调用者返回函数值。这类函数类似于其他语言中的过程。由于无返回值函数无须返回函数值，因此，用户在定义此类函数时可指定它的返回值为空类型，空类型的说明符为 void。

从主调函数和被调函数之间参数传递的角度来看，函数可以分为无参函数和有参函数两种类型。

（1）无参函数。无参函数是指在函数定义、函数声明及函数调用中均不带参数的函数。主调函数和被调函数之间不进行参数传递。此类函数通常用来完成一组指定的处理任务，可以返回或不返回函数值。

（2）有参函数。有参函数又称带参函数。在函数定义及函数声明中都有参数，这时的参数被称为形式参数（简称“形参”）。在函数调用中也必须给出参数，这时的参数被称为实际参数（简称“实参”）。在进行函数调用时，主调函数将把实参的值传递给形参，供被调函数使用。

C 语言提供了极为丰富的库函数，对这些库函数又可以从功能的角度进行以下分类。

（1）字符类型分类函数：用于对字符按 ASCII 码进行分类，可分为字母、数字、控制字符、分隔符、大小写字母等类型。

（2）转换函数：用于在字符或字符串之间进行转换；在字符型量和各类数值型量（整型、浮点型等）之间进行转换；在字母大、小写之间进行转换。

（3）目录路径函数：用于文件目录和路径操作。

（4）诊断函数：用于内部错误检测。

（5）图形函数：用于屏幕管理和各种图形功能。

（6）输入/输出函数：用于完成输入/输出功能。

（7）接口函数：用于与操作系统、BIOS 和硬件的接口。

（8）字符串函数：用于字符串操作和处理。

（9）内存管理函数：用于内存管理。

（10）数学函数：用于数学函数计算。

（11）日期和时间函数：用于日期、时间转换操作。

（12）进程控制函数：用于进程管理和控制。

（13）其他函数：用于其他各种功能。

以上各类函数不仅数量众多，而且有的还需要掌握硬件知识才会使用，读者要想全部掌握，需要一个较长的学习过程。因此，建议读者先掌握一些最基本、最常用的函数，再逐步深入。由于篇幅所限，本书只介绍很少一部分库函数，读者可根据需要查阅有关手册来了解其他库函数。

还应该指出的是，在C语言中，所有的函数定义，包括主函数main在内，都是平行的。也就是说，在一个函数的函数体内不能再定义另一个函数，即不能嵌套定义。但是，函数之间允许相互调用，也允许嵌套调用。我们习惯上把调用者称为主调函数。函数还可以自己调用自己，称为递归调用。main 函数是主函数，它可以调用其他函数，但不允许被其他函数调用。因此，C程序的执行总是从main函数开始的，完成对其他函数的调用后再返回main函数，最后由main函数结束整个程序。一个C程序中必须有且只能有一个主函数main。

2.3.1 函数定义

1．无参函数定义的一般形式

无参函数定义的一般形式如下：

```
类型说明符 函数名()
{
    声明部分
    语句
}
```

其中，类型说明符和函数名被称为函数头。类型说明符指明了本函数的类型，函数的类型实际上是函数返回值的类型。函数名是由用户定义的标识符。函数名后有一对圆括号，其中无参数，但圆括号不可少。花括号“{}”中的内容被称为函数体。在函数体中，声明部分是对函数体内部所用到的变量的类型说明。

在很多情况下都不要求无参函数有返回值，此时类型说明符可以写为void。

我们可以改写一个函数定义，如下：

```
void Hello()
{
      printf("Hello world\n");
}
```

这里只把main改为Hello作为函数名，其余内容不变。Hello函数是一个无参函数，当它被其他函数调用时，将输出“Hello world”字符串。

2．有参函数定义的一般形式

有参函数定义的一般形式如下：

```
类型说明符 函数名(形式参数表列)
{
```

```
        声明部分
        语句
    }
```

有参函数比无参函数多了一项内容，即形式参数表列（简称“形参表”）。形参表中的参数可以是各种类型的变量，各参数之间用逗号分隔。在进行函数调用时，主调函数将赋予这些形式参数实际的值。形参既然是变量，那么必须在形参表中给出形参的类型说明。

例如，定义一个函数，用于求两个数中的大数，可写为如下形式：

```
int max(int a, int b)
{
    if (a>b) return a;
    else return b;
}
```

本程序的第 1 行声明 max 函数是一个整型函数，其返回的函数值是一个整数。形参为 a、b，均为整型量，a、b 的具体值是由主调函数在调用时传递过来的。在函数体中，除形参外没有使用其他变量，因此只有语句而没有声明部分。return 语句的作用是把 a（或 b）的值作为函数值返回给主调函数。需要注意的是，在有返回值函数中至少应该有一条 return 语句。

在 C 程序中，可以把一个函数的定义放在任意位置。例如，既可以把 max 函数的定义放在 main 函数之后，也可以把 max 函数的定义放在 main 函数之前。修改后的程序如下。

【例 2.1】把 max 函数的定义放在 main 函数之前。

```
int max(int a,int b)
{
    if(a>b) return a;
    else return b;
}
void main()
{
    int max(int a,int b);
    int x,y,z;
    printf("input two numbers:\n");
    scanf("%d%d",&x,&y);
    z=max(x,y);
    printf("maxmum=%d",z);
}
```

程序说明

现在我们可以从函数定义、函数声明及函数调用的角度来分析整个程序，进一步了解函数的特点。

本程序的第 1～5 行为 max 函数的定义。在进入主函数 main 后，因为准备调用 max 函数，故先对 max 函数进行声明（第 8 行）。函数声明和函数定义并不是一回事，我们在后面还会专门讨论这个问题。可以看出，函数声明与函数定义中的函数头部分相同，但是末尾要加分号。第 12 行的功能为调用 max 函数，并把 x、y 的值传递给 max 函数的形参 a、b。max 函数的执行结果（a 或 b）将返回给变量 z。最后由主函数 main 输出变量 z 的值。

2.3.2 函数调用

在 C 程序中是通过对函数的调用来执行函数体的，函数调用过程与其他语言中的子程序调用过程相似。

在 C 语言中，函数调用的一般形式如下：

```
函数名(实际参数表列)
```

在调用无参函数时无实际参数表列（简称“实参表”）。实参表中的参数可以是常数、变量或其他构造类型的数据及表达式，各参数之间用逗号分隔。

在 C 语言中，可以用以下几种方式调用函数。

（1）函数表达式。函数作为表达式中的一项，以函数返回值参与表达式的运算。这种调用方式要求函数是有返回值的。例如，z=max(x,y)是一个赋值表达式，其含义是把 max 函数的返回值赋予变量 z。

（2）函数语句。函数调用的一般形式加上分号即构成函数语句。例如，printf ("%d",a);、scanf ("%d",&b);都是以函数语句的方式调用函数的。

（3）函数实参。一个函数作为另一个函数调用的实参出现。这种情况是把函数返回值作为实参进行传递，因此要求函数必须有返回值。例如，printf("%d",max(x,y));。

在主调函数中调用某函数之前应该先对该被调函数进行声明，这与在使用变量之前应该先进行变量声明是一样的道理。在主调函数中对被调函数进行声明的目的是使编译系统知道被调函数返回值的类型，以便在主调函数中按照此类型对被调函数返回值进行相应的处理。

对被调函数进行声明的一般形式如下：

```
类型说明符 被调函数名(类型 1 形参 1,类型 2 形参 2,……);
```

或者写为如下形式：

```
类型说明符 被调函数名(类型 1,类型 2,……);
```

在圆括号内给出了形参的类型和形参名，或者只给出了形参的类型。这便于编译系统进行检错，以避免可能出现的错误。

在例 2.1 中，main 函数中对 max 函数的声明如下：

```
int max(int a,int b);
```

或者写为如下形式：

```
int max(int,int);
```

C 语言规定，遇到以下几种情况可以省去主调函数中对被调函数的声明。

（1）当被调函数返回值的数据类型是整型或字符型时，在主调函数中可以不对被调函数进行声明而直接调用，这时系统将被调函数返回值按整型处理。

（2）当被调函数的定义出现在主调函数之前时，在主调函数中可以不对被调函数进行声明而直接调用。例如，在例 2.1 中，max 函数的定义被放在 main 函数之前，因此，在 main 函数中可以省去对 max 函数的声明 int max(int a,int b);。

（3）如果在定义所有函数之前，在函数外预先声明了各个函数的类型，则在以后的各主调函数中可以不对被调函数进行声明。例如：

```
char str(int a);
float f(float b);
void main()
{
  ……
}
char str(int a)
{
 ……
}
float f(float b)
{
 ……
}
```

第 1、2 行分别对 str 和 f 函数的类型预先进行了声明，因此，在以后的各主调函数中无须对 str 和 f 函数进行声明就可以直接调用。

（4）对库函数的调用不需要进行声明，但必须把该函数原型所在的头文件用 include 命令包含在程序的开头。

2.4 变量的作用域和存储类别

函数中的形参变量只有在被调用期间才会被分配内存空间，调用结束立即释放内存空间。这一点表明形参变量只有在函数内才是有效的，离开该函数就不能再使用了。这种变量有效性的范围被称为变量的作用域。不仅形参变量有作用域，C 语言中所有的变量都有自己的作用域。变量的声明方式不同，其作用域也不同。C 语言中的变量按作用域可分为两种，即局部变量和全局变量。

局部变量又称内部变量，它是在函数内进行定义、声明的，其作用域仅限于函数内，离开该函数后再使用这种变量是非法的。

例如：

```
int f1(int a)                              /*函数 f1*/
{
   int b,c;
   ……
}
```

其中，变量 a、b、c 有效。

又如：

```
int f2(int x)                              /*函数 f2*/
{
   int y,z;
   ……
}
```

其中，变量 x、y、z 有效。

又如：

```
void main()
{
    int m,n;
    ……
}
```

其中，变量m、n有效。

程序说明

在函数f1内定义了三个变量，a为形参变量，b、c为一般变量。在函数f1内变量a、b、c有效，或者说变量a、b、c的作用域仅限于函数f1内。同理，变量x、y、z的作用域仅限于函数f2内，变量m、n的作用域仅限于函数main内。

关于局部变量的作用域，还要说明以下几点。

（1）主函数中定义的变量只能在主函数中使用，不能在其他函数中使用。同时，在主函数中也不能使用其他函数中定义的变量。因为主函数也是一个函数，它与其他函数之间是平行关系。这一点与其他语言不同，应予以注意。

（2）形参变量是属于被调函数的局部变量，实参变量是属于主调函数的局部变量。

（3）允许在不同的函数中使用相同的变量名，它们代表不同的对象，为其分配不同的内存单元，既互不干扰，也不会混淆。

（4）在复合语句中也可以定义变量，其作用域仅限于复合语句内。

例如：

```
void main()
{
  int s,a;
    ……
    {
      int b;
      s=a+b;
      ……                                    /*变量b的作用域*/
    }
    ……                                      /*变量s、a的作用域*/
}
```

【例2.2】变量的作用域。

```
void main()
{
    int i=2,j=3,k;
    k=i+j;
    {
      int k=8;
      printf("%d\n",k);
    }
    printf("%d\n",k);
}
```

程序说明

本程序在 main 函数内定义了 i、j、k 三个变量，其中变量 k 未被赋初值；在复合语句内又定义了一个变量 k，并赋初值 8。需要注意的是，这两个 k 不是同一个变量。在复合语句外由 main 函数内定义的变量 k 起作用，而在复合语句内则由复合语句内定义的变量 k 起作用。因此，第 4 行中的变量 k 是在 main 函数内定义的，其值应为 5。第 7 行输出 k 值，该行在复合语句内，由复合语句内定义的变量 k 起作用，其初值为 8，故输出值为 8。第 9 行也输出 k 值，而该行在复合语句外，输出的 k 值应为 main 函数内定义的 k 值，此 k 值已由第 4 行获得，为 5，故输出值为 5。

全局变量又称外部变量，它是在函数外部定义的变量。全局变量不属于哪个函数，而属于一个源程序文件，其作用域为从变量定义处到源程序文件末尾。在函数中使用全局变量，一般应进行全局变量声明。只有在函数内经过声明的全局变量才能被使用。全局变量的说明符为 extern。但在一个函数之前定义的全局变量，在该函数内使用时可以不再进行声明。

例如：

```
int a,b;                                    /*全局变量*/
void f1()                                   /*函数 f1*/
{
    ……
}
float x,y;                                  /*全局变量*/
int fz()                                    /*函数 fz*/
{
    ……
}
void main()                                 /*主函数*/
{
    ……
}
```

程序说明

在本程序中，a、b、x、y 都是在函数外部定义的变量，都是全局变量。但变量 x、y 是在函数 f1 之后定义的，而在函数 f1 内又无对变量 x、y 的声明，所以它们在函数 f1 内无效；而变量 a、b 是在程序开头定义的，所以在函数 f1、f2 及 main 内不对它们进行声明也可以使用。

【例 2.3】 输入长方体的长、宽、高，即 l、w、h，求长方体的体积及三个面 a*b、b*c、a*c 的面积。

```
int s1,s2,s3;
int vs( int a,int b,int c)
{
    int v;
    v=a*b*c;
    s1=a*b;
    s2=b*c;
    s3=a*c;
    return v;
```

```
}
void main()
{
 int v,l,w,h;
 printf("\ninput length,width and height\n");
 scanf("%d%d%d",&l,&w,&h);
 v=vs(l,w,h);
 printf("\nv=%d,s1=%d,s2=%d,s3=%d\n",v,s1,s2,s3);
}
```

如果在同一个源程序文件中全局变量与局部变量同名，则在局部变量的作用域内，全局变量被“屏蔽”，即不起作用。

【例 2.4】全局变量与局部变量同名。

```
int a=3,b=5;                                /*a、b为全局变量*/
max(int a,int b)                            /*a、b为局部变量*/
{int c;
 c=a>b?a:b;
 return(c);
}
void main()
{
 int a=8;
 printf("%d\n",max(a,b));
}
```

前面提到，从变量的作用域（空间）的角度，可以将变量分为全局变量和局部变量。而从变量值存在的作用时间（生存期）的角度，可以将变量的存储方式分为静态存储方式和动态存储方式。

静态存储方式是指在程序运行期间分配固定的存储空间的方式；动态存储方式是指在程序运行期间根据需要动态分配存储空间的方式。

可以将用户存储空间划分为三部分：程序区、静态存储区和动态存储区，如图 2.15 所示。

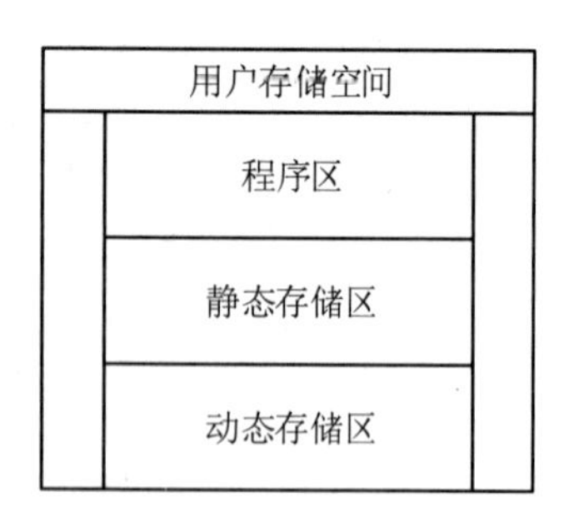

图 2.15　用户存储空间划分

全局变量全部被存放在静态存储区中，在程序开始运行时给全局变量分配存储空间，程序运行完立即释放这些存储空间。在程序运行过程中，全局变量占用固定的存储空间，而不动态地进行分配和释放。

动态存储区中存放着以下数据：

（1）函数的形参。

（2）自动变量（未加 static 声明的局部变量）。

（3）函数调用时的现场保护和返回地址。

对于以上这些数据，在调用函数时动态分配存储空间，在函数调用结束后立即释放这些存储空间。在 C 语言中，每个变量和函数都有两个属性：数据类型和数据的存储类别。

对于函数中的局部变量，如果不专门声明为 static 存储类别，则都是动态分配存储空间的，它们被存放在动态存储区中。函数的形参和在函数内定义的变量（包括在复合语句内定义的变量）都属于此类变量，在调用函数时系统会给它们动态分配存储空间，在函数调用结束后立即释放这些存储空间。这类局部变量被称为自动变量。自动变量用关键字 auto 作为存储类别的声明。

例如：

```
int f(int a)                            /*定义 f 函数，a 为形参变量*/
{auto int b,c=3;                        /*定义 b、c 为自动变量*/
 ......
}
```

程序说明

在本程序中，a 是形参变量，b、c 是自动变量，给变量 c 赋初值 3。执行完 f 函数后，自动释放 a、b、c 所占用的存储空间。关键字 auto 可以省略，不写 auto 则隐含指定为自动存储类别，属于动态存储方式。有时我们希望函数中局部变量的值在函数调用结束后不消失而保留原值，这时就应该指定局部变量为静态局部变量，用关键字 static 进行声明。

【例 2.5】使用静态局部变量。

```
f(int a)
{auto b=0;
 static c=3;
 b=b+1;
 c=c+1;
 return(a+b+c);
}
void main()
{int a=2,i;
 for(i=0;i<3;i++)
 printf("%d",f(a));
}
```

对于静态局部变量，需要说明以下几点。

（1）静态局部变量属于静态存储类别，在静态存储区中给其分配固定的存储空间，在整个程序运行期间都不释放这些存储空间；而自动变量（动态局部变量）属于动态存储类别，在动态存储区中给其动态分配存储空间，在函数调用结束后立即释放这些存储空间。

（2）给静态局部变量赋初值是在编译时进行的，即只给其赋一次初值；而给自动变量赋初值是在调用函数时进行的，每调用一次函数重新赋一次初值，相当于执行一次赋值语句。

（3）如果在定义局部变量时不给其赋初值，则对静态局部变量来说，在编译时自动给其赋初值 0（对数值型变量）或空字符（对字符变量）；而对自动变量来说，它的值是不确定的。

【例 2.6】打印 1～5 的阶乘值。

```
int fac(int n)
{static int f=1;
 f=f*n;
 return(f);
}
void main()
{int i;
```

```
 for(i=1;i<=5;i++)
 printf("%d!=%d\n",i,fac(i));
}
```

为了提高编译效率，C 语言允许将局部变量的值存放在 CPU 的寄存器中，这种变量被称为寄存器变量，用关键字 register 进行声明。

【例 2.7】使用寄存器变量。

```
int fac(int n)
{register int i,f=1;
 for(i=1;i<=n;i++)
f=f*i
 return(f);
}
void main()
{int i;
 for(i=0;i<=5;i++)
 printf("%d!=%d\n",i,fac(i));
}
```

对于寄存器变量，需要说明以下几点。

（1）只有自动变量和形参变量可以被定义为寄存器变量。

（2）一个计算机系统中的寄存器数量有限，不能定义任意多个寄存器变量。

（3）静态局部变量不能被定义为寄存器变量。

【例 2.8】用关键字 extern 声明外部变量，扩展程序文件中的作用域。

```
int max(int x,int y)
{int z;
 z=x>y?x:y;
 return(z);
}
void main()
{extern A,B;
 printf("%d\n",max(A,B));
}
int A=13,B=-8;
```

程序说明

在本程序的最后一行中定义了外部变量 A、B，但是，由于外部变量的定义位置在 main 函数之后，因此，原来在 main 函数中不能引用外部变量 A、B。现在，我们在 main 函数中用关键字 extern 对外部变量 A 和 B 进行了声明，就可以从声明处开始，合法地使用外部变量 A 和 B。

2.5 人机界面设计

人机界面设计是接口设计的一个组成部分。对于交互式系统来说，人机界面设计和数据设计、体系结构设计、过程设计一样重要。近年来，人机界面在系统中所占的比重越来越大，在个别系统中人机界面的设计工作量甚至占设计总量的一半以上。

人机界面的设计质量直接影响用户对软件产品的评价，从而影响软件产品的竞争力和寿命，因此，设计人员必须对人机界面设计给予足够重视。

1．人机界面设计问题

在设计人机界面的过程中，总会遇到下述 4 个问题。

1）系统响应时间

系统响应时间过长是许多交互式系统用户经常抱怨的问题。

一般来说，系统响应时间指从用户完成某个控制动作（如按回车键或单击）到系统给出预期响应（输出或做动作）的时间。

系统响应时间有两个重要属性，分别是长度和易变性。

2）联机帮助设施

几乎交互式系统的每个用户都需要帮助，当用户遇到复杂问题时甚至需要查看用户手册以寻找答案。

大多数现代软件都提供了联机帮助设施，这使得用户不离开人机界面就可以解决自己的问题。常见的联机帮助设施有集成的和附加的两类。

3）出错信息处理

出错信息和警告信息是出现问题时交互式系统给出的“坏消息”。出错信息设计得不好，将向用户提供无用的或误导的信息，反而会增加用户的挫折感。

4）命令交互

过去，命令行是用户和系统交互的常用方式。现在，面向窗口的、单击和拾取方式的人机界面已经减少了用户对命令行的依赖，但是，许多高级用户仍然偏爱面向命令的交互方式。

在大多数情况下，用户既可以从菜单中选择软件功能，也可以通过键盘命令序列调用软件功能。

2．人机界面设计指南

人机界面设计是一个迭代的过程，也就是说，通常先创建设计模型，再用原型实现这个设计模型，接着由用户试用和评估，最后根据用户的反馈意见进行修改。

人机界面设计主要依赖设计人员的经验。综合众多设计人员的经验而得出的设计指南有助于设计人员设计出友好、高效的人机界面。

下面介绍三类人机界面设计指南。

1）一般交互指南

一般交互指南涉及信息显示、数据输入和系统整体控制，因此，这类指南是全局性的，忽略它们将承担较大风险。一般交互指南的内容如下。

（1）保持一致性。应该为人机界面中的菜单选择、命令输入、数据显示及众多的其他功能使用一致的格式。

（2）提供有意义的反馈。应该向用户提供视觉的和听觉的反馈，以保证在用户和人机界面之间建立双向通信。

（3）在执行有较大破坏性的动作之前请求用户确认。如果用户要删除一个文件，或覆盖一些重要信息，或请求终止一个程序的运行，则应该给出“您是否确实要”的提示信息，请求用户确认。

（4）允许取消绝大多数操作。UNDO 或 REVERSE 功能使众多终端用户避免了大量时间的浪费。每个交互式系统都应该能方便地取消已完成的操作。

（5）减少在两次操作之间必须记忆的信息量。不应该期望用户记住在下一步操作中需要使用的一大串数字或标识符。

（6）提高对话、移动和思考的效率。应该尽量减少击键次数；在设计屏幕布局时应该考虑尽量减少鼠标移动的距离；应该尽量避免出现用户询问“这是什么意思”的情况。

（7）允许犯错误。系统应该保护自己不受致命错误的破坏。

（8）按功能对动作进行分类，并据此设计屏幕布局。下拉菜单的一个主要优点就是能按动作类型组织命令。实际上，设计人员应该尽量提高命令和动作组织的内聚性。

（9）提供对用户工作内容敏感的帮助设施。

（10）用简单动词或动词短语作为命令名。过长的命令名不仅难以识别和记忆，还会占用过多的菜单空间。

2）信息显示指南

如果人机界面显示的信息是不完整的、含糊的或难以理解的，则该软件显然不能满足用户的需求。可以用文字、图片和声音等多种方式显示信息。信息显示指南的内容如下。

（1）只显示与当前工作内容有关的信息。用户在获取有关系统的特定功能的信息时，不必看到与之无关的数据、菜单和图形。

（2）不应该用数据“淹没”用户，而应该用便于用户快速获取信息的方式来表示数据。例如，可以用图形或图表来取代庞大的表格。

（3）使用一致的标记、标准的缩写和可预测的颜色。显示信息的含义应该非常明确，用户不必参考其他信息源就能理解。

（4）允许用户保持可视化的语境。如果对图像显示进行缩放，那么原始图像应该一直显示（以缩小的形式放在显示屏的一角），以使用户知道当前观察的图像部分在原始图像中所处的相对位置。

（5）显示有意义的出错信息，而不是单纯的程序错误代码。

（6）使用字母大小写、缩进和文本分组以帮助用户理解。人机界面显示的信息大部分是文字，文字的布局和形式对用户从中获取信息的难易程度有很大影响。

（7）使用窗口分隔不同类型的信息。利用窗口，用户能够方便地保存不同类型的信息。

（8）使用模拟显示方式表示信息，以使信息更容易被用户获取。例如，在显示炼油厂储油罐的压力时，如果使用简单的数字来表示压力，则不易引起用户的注意；但是，如果使用类似温度计的形式来表示压力，使用垂直移动和颜色变化来指示危险的压力状况，就能引起用户的警觉，因为这样做为用户提供了绝对和相对两个方面的信息。

（9）高效率地使用显示屏。当使用多窗口时，应该有足够的空间使每个窗口都能显示出一部分。此外，屏幕大小应该和系统的类型相配套（这实际上是一个系统工程问题）。

3）数据输入指南

用户的大部分时间花在选择命令、输入数据和向系统提供输入上。在许多系统中，键盘仍然是主要的输入介质，但是，鼠标、数字化仪和语音识别系统正迅速成为重要的输入手段。数据输入指南的内容如下。

（1）保持信息显示和数据输入之间的一致性。

（2）使在当前动作语境中不适用的命令不起作用，以使用户不去做那些肯定会导致错误的动作。

（3）对所有输入动作都提供帮助。

（4）消除冗余的输入。不要求用户指定输入数据的单位；尽可能提供默认值。

2.6 小结

本章以成绩管理系统为例，介绍了系统设计的总体方法；为了设计成绩管理系统，通过软件工程方法的运用，给出了为什么要做（需求分析与功能描述），以及如何来做（概要设计和详细设计）；从系统详细设计的角度，介绍了程序流程图和 N-S 图这两种算法描述工具，并详细介绍了函数定义和函数调用；本章最后介绍了变量的作用域和存储类别，以及人机界面设计问题和人机界面设计指南。

第3章

成绩处理子系统实现

3.1 成绩处理子系统概述

项目概述

图 3.1 所示为成绩处理子系统主要功能模块图。在本章中，我们将根据项目设计文档来实现成绩处理子系统的主体功能。成绩处理子系统主要包括成绩信息输入、成绩信息输出、计算、数据验证 4 个模块。

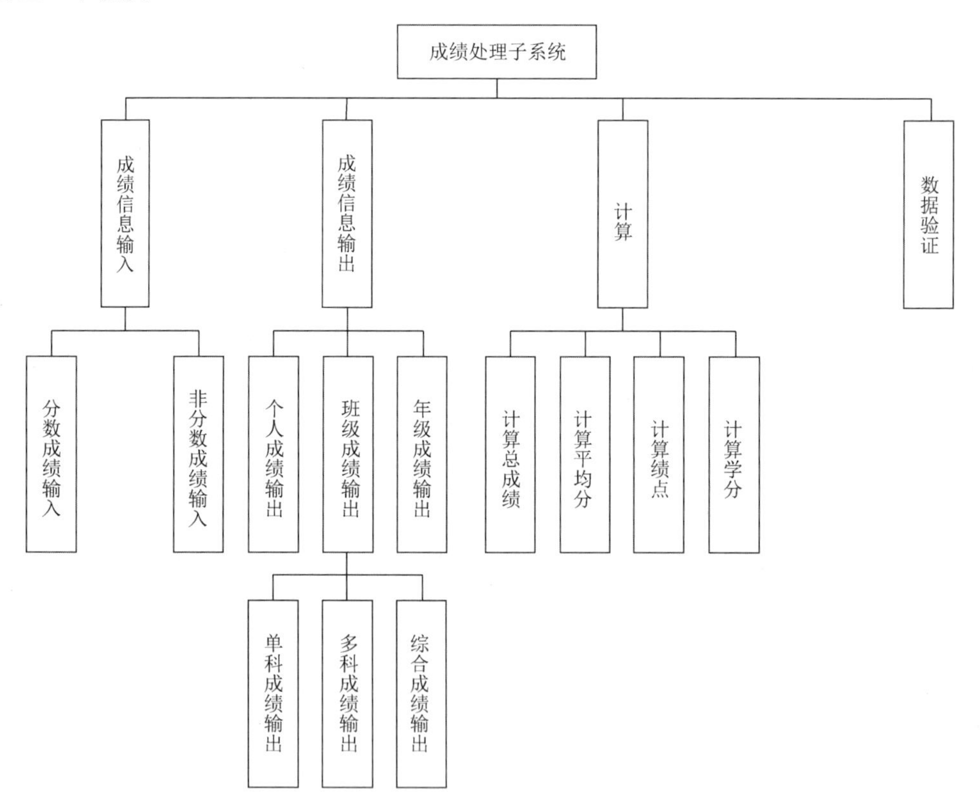

图 3.1　成绩处理子系统主要功能模块图

关注点

（1）数据。数据是指用户要往计算机里输入的内容，比如每个学生的成绩。数据的类型有很多，程序设计语言是怎样对其进行划分的？

（2）存储。存储是指计算机怎样存放用户输入的数据。不同类型的数据占用不同大小的内存空间，系统怎样为数据分配内存空间？

（3）计算。程序的主要任务就是满足用户对数据的处理需求。在大多数情况下，系统需要对原始数据进行计算和转换，以便得到用户需要的内容。

（4）输入、输出。巧妇难为无米之炊。作为程序的“原料”，数据是怎样进入程序的？而用户需要的处理结果是怎样按照要求输出的？

3.2　成绩信息输入模块知识基础

3.2.1　数据类型

项目模块

```
/*
模块编号：3.1
模块名称：班级平均分计算模块
模块描述：接收班级总成绩和班级人数，计算任意一门课程的班级平均分
*/
float ave_class (int sum , int num)/*sum代表班级总成绩，num代表班级人数*/
{
        float ave = 0;
        ave = sum / num;
        return ave;
}
```

从模块 3.1 中可以看到，变量 sum、num 和 ave 必须先定义后使用。

变量的定义包括三个方面的内容。

（1）数据类型。

（2）存储类型。

（3）作用域。

本章只介绍数据类型声明，后续各章将介绍其他声明。所谓数据类型是按被定义变量的性质、表示形式、占用内存空间的大小、构造特点来划分的。在 C 语言中，数据类型可以分为基本数据类型、构造数据类型、指针类型、空类型四大类，如图 3.2 所示。

（1）基本数据类型。基本数据类型的主要特点是其值不可以再分解为其他数据类型。也就是说，基本数据类型是自我声明的。

（2）构造数据类型。构造数据类型是根据已定义的一个或多个数据类型用构造的方法来定义的。也就是说，一个构造数据类型的值可以分解为若干个“成员”或“元素”，每个“成员”或“元素”都是一个基本数据类型或构造数据类型。在 C 语言中，构造数据类型有以下几种：

- 数组类型。
- 结构类型。
- 共用体（联合）类型。

（3）指针类型。指针是一种特殊的、具有重要作用的数据类型，其值用来表示某个变量在

内存中的地址。虽然指针变量的取值类似于整型量，但这是两个类型完全不同的量，因此不能混为一谈。

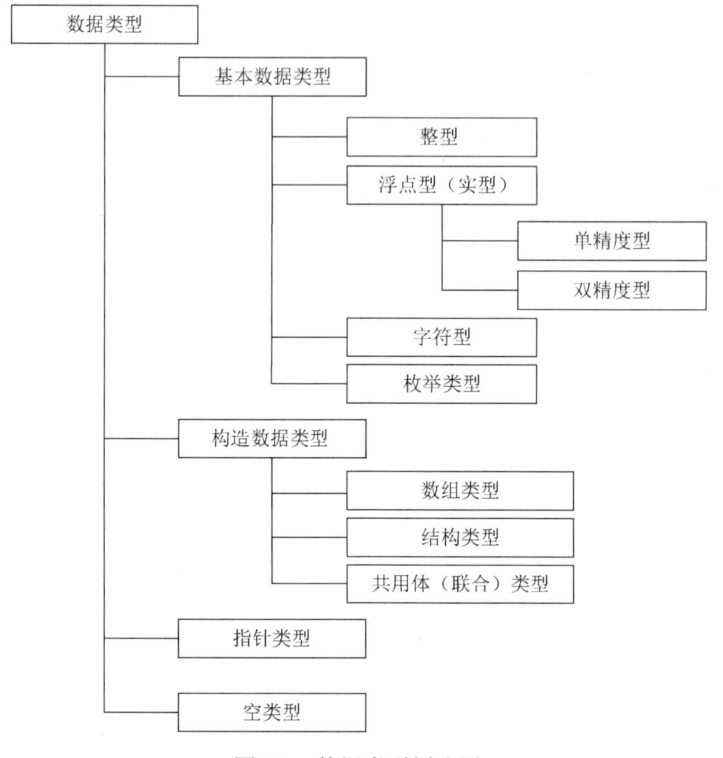

图 3.2　数据类型划分图

（4）空类型。在调用函数时，通常应该向调用者返回一个函数值，并且应该在函数定义及函数声明中说明这个函数值的类型。例如，在模块 3.1 中给出的 ave_class 函数的定义中，函数头为 float ave_class (int sum , int num)，其中类型说明符 float 表示该函数的返回值为浮点型量。但是，也有一类函数，被调用后并不需要向调用者返回函数值，这类函数可以被定义为空类型，其类型说明符为 void。

本章只介绍基本数据类型中的整型、浮点型和字符型，后续各章将介绍其他数据类型。

3.2.2　常量与变量

项目模块

```
/*
模块编号：3.2
模块名称：成绩合法性判定模块
模块描述：接收学生成绩，判断是否在 0～100 分之间。返回 1 为合法，否则为非法
*/
#define MIN   0
#define MAX  100
int Val_score(int score)               /*score 代表学生成绩*/
{
        int s;
        if (s <=MAX && s >= MIN)
```

```
            return 1;
        else
            return 0;
    }
```

程序说明

在模块 3.2 中，我们分别用 MIN 和 MAX 作为成绩合法区间的最小值和最大值，它们都是整型符号常量。

1．常量

在程序运行过程中，其值不发生改变的量被称为常量。常量有两种：直接常量和符号常量。

1）直接常量（字面常量）

直接常量有以下三种。

（1）整型常量：12、0、-3。

（2）浮点型常量：4.6、-1.23。

（3）字符常量：'a'、'b'。

2）符号常量

标识符是用来标识变量名、符号常量名、函数名、数组名、类型名、文件名的有效字符序列。

符号常量用标识符代表一个常量。在 C 语言中，可以用一个标识符来表示一个常量，这个常量被称为符号常量。符号常量与变量不同，它的值在其作用域内不能被改变，也不能再被赋值。使用符号常量的好处是：含义清楚，能做到“一改全改”。

在使用符号常量之前必须先定义。定义符号常量的一般形式如下：

```
#define 标识符 常量
```

其中，#define 是一条预处理命令（预处理命令都以“#”开头），称之为宏定义命令，其功能是把标识符定义为其后的常量值。一经定义，以后在程序中所有出现该标识符的地方均代之以该常量值。

习惯上，符号常量的标识符使用大写字母，变量的标识符使用小写字母，以示区别。

2．变量

在模块 3.2 中，怎样存放待验证的成绩值呢？这就需要用到一个对应的空间。在存放期间，这个空间的值是可以根据需要进行改变的。我们把其值可以改变的量称为变量。一个变量应该有一个名字，并占用一定的内存单元。要注意区分变量名和变量值是两个不同的概念。变量声明图如图 3.3 所示。

3．整型常量

整型常量就是整常数。在 C 语言中，整常数有十进制整常数、八进制整常数和十六进制整常数三种。

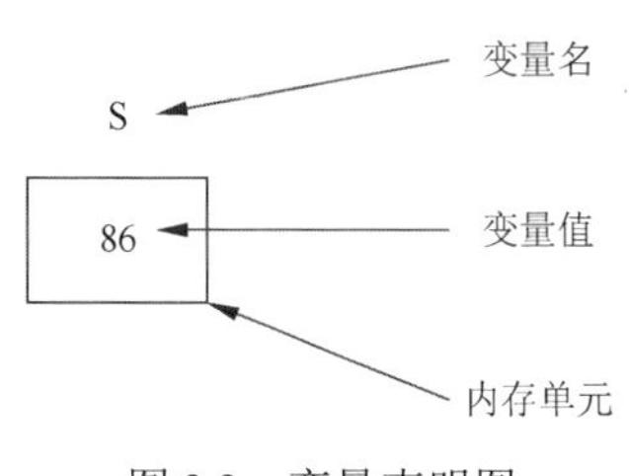

图 3.3　变量声明图

1）十进制整常数

十进制整常数没有前缀，其数码取值范围为 0～9。

以下各数是合法的十进制整常数：237、-568、65535、1627。

以下各数不是合法的十进制整常数：023（不能有前导 0）、

23D（含有非十进制数码）。

在程序中是根据前缀来区分各种进制数的，因此，在书写整常数时不要把前缀弄错，以免造成结果不正确。

2）八进制整常数

八进制整常数必须以 0 开头，即以 0 作为八进制整常数的前缀，其数码取值范围为 0～7。八进制整常数通常是无符号数。

以下各数是合法的八进制整常数：015（对应的十进制整常数为 13）、0101（对应的十进制整常数为 65）、0177777（对应的十进制整常数为 65535）。

以下各数不是合法的八进制整常数：256（无前缀 0）、03A2（含有非八进制数码）、-0127（出现了负号）。

3）十六进制整常数

十六进制整常数的前缀为 0X 或 0x，其数码取值范围为 0～9、A～F 或 a～f。

以下各数是合法的十六进制整常数：0X2A（对应的十进制整常数为 42）、0XA0（对应的十进制整常数为 160）、0XFFFF（对应的十进制整常数为 65535）。

以下各数不是合法的十六进制整常数：5A（无前缀 0X）、0X3H（含有非十六进制数码）。

4）整型常量的后缀

在 16 位字长的机器上，基本整型的长度也是 16 位，因此其表示的数值范围也是有限定的。十进制无符号整常数表示的数值范围为 0～65535，有符号整常数表示的数值范围为-32768～+32767。八进制无符号整常数表示的数值范围为 0～0177777。十六进制无符号整常数表示的数值范围为 0X0～0XFFFF 或 0x0～0xFFFF。如果用户使用的数超出上述范围，就必须用长整常数来表示。长整常数是用后缀“L”或“l”来表示的。

以下各数是合法的十进制长整常数：158L（对应的十进制整常数为 158）、358000L（对应的十进制整常数为 358000）。

以下各数是合法的八进制长整常数：012L（对应的十进制整常数为 10）、077L（对应的十进制整常数为 63）、0200000L（对应的十进制整常数为 65536）。

以下各数是合法的十六进制长整常数：0X15L（对应的十进制整常数为 21）、0XA5L（对应的十进制整常数为 165）、0X10000L（对应的十进制整常数为 65536）。

长整常数 158L 和基本整常数 158 在数值上并无区别。但是，因为 158L 是长整型量，所以编译系统将会为它分配 4 字节的内存单元；因为 158 是基本整型量，所以编译系统只会为它分配 2 字节的内存单元。

无符号数也可用后缀表示，整型常量的无符号数的后缀为“U”或“u”。例如，358u、0x38Au、235Lu 均为无符号数。

前缀、后缀可同时使用以表示各种类型的数。例如，0XA5Lu 表示十六进制无符号长整常数 A5，其对应的十进制整常数为 165。

4．整型变量

1）整型数据在内存中的存放形式

如果我们定义了一个整型变量 i，那么在本书（16 位字长的机器）中整型变量占 2 字节。例如：

```
int i;
i=10;
```

10 在内存中的存放形式如下：

0	0	0	0	0	0	0	0	0	0	0	0	1	0	1	0

在计算机系统中，数值一律用补码来表示和存储。

（1）正数的补码和原码相同。

（2）负数的补码是将该数的绝对值的二进制形式先按位取反再加 1。

例如，求-10 的补码的过程如下。

（1）求 10 的原码。

0	0	0	0	0	0	0	0	0	0	0	0	1	0	1	0

（2）按位取反。

1	1	1	1	1	1	1	1	1	1	1	1	0	1	0	1

（3）加 1，得到-10 的补码。

1	1	1	1	1	1	1	1	1	1	1	1	0	1	1	0

由此可知，左边的第一位是表示符号的。

2）整型变量的分类

（1）基本型：类型说明符为 int，在内存中占 2 字节。

（2）短整型：类型说明符为 short int 或 short，其所占字节数和表示的数值范围均与基本型相同。

（3）长整型：类型说明符为 long int 或 long，在内存中占 4 字节。

（4）无符号型：类型说明符为 unsigned。

无符号型又可与以上三种类型匹配而构成以下三种类型。

① 无符号基本型：类型说明符为 unsigned int 或 unsigned。

② 无符号短整型：类型说明符为 unsigned short。

③ 无符号长整型：类型说明符为 unsigned long。

各种无符号型变量所占字节数与相应的有符号型变量所占字节数相同。但由于无符号数省去了符号位，故不能表示负数。

有符号型变量表示的最大值为 32767，其在内存中的存放形式如下：

0	1	1	1	1	1	1	1	1	1	1	1	1	1	1	1

无符号型变量表示的最大值为 65535，其在内存中的存放形式如下：

1	1	1	1	1	1	1	1	1	1	1	1	1	1	1	1

Turbo C 中各类整型变量所占字节数及表示的数值范围如表 3.1 所示。

表 3.1　Turbo C 中各类整型变量所占字节数及表示的数值范围

类型说明符	占 字 节 数	表示的数值范围
int	2 字节	-32768～32767，即-2^{15}～（$2^{15}-1$）
short int	2 字节	-32768～32767，即-2^{15}～（$2^{15}-1$）

续表

类型说明符	占 字 节 数	表示的数值范围
long int	4 字节	–2147483648～2147483647，即-2^{31}～（$2^{31}-1$）
unsigned int	2 字节	0～65535，即 0～（$2^{16}-1$）
unsigned short	2 字节	0～65535，即 0～（$2^{16}-1$）
unsigned long	4 字节	0～4294967295，即 0～（$2^{32}-1$）

以 13 为例，将其存储为不同的整型变量，其在内存中的存放形式不同。

int 型：

00	00	00	00	00	00	11	01

short int 型：

00	00	00	00	00	00	11	01

long int 型：

00	00	00	00	00	00	00	00	00	00	00	00	00	00	11	01

unsigned int 型：

00	00	00	00	00	00	11	01

unsigned short 型：

00	00	00	00	00	00	11	01

unsigned long 型：

00	00	00	00	00	00	00	00	00	00	00	00	00	00	11	01

3）整型变量的定义

整型变量定义的一般形式如下：

```
类型说明符  变量名标识符 1,变量名标识符 2,……;
```

例如：

```
int a,b,c;                          //a、b、c 为整型变量
long x,y;                           //x、y 为长整型变量
unsigned p,q;                       //p、q 为无符号整型变量
```

在进行变量定义时，应注意以下几点。

（1）允许在一个类型说明符后定义多个相同类型的变量，各变量名之间用逗号分隔。类型说明符与变量名之间至少用一个空格分隔。

（2）最后一个变量名之后必须以分号“;”结尾。

（3）必须把变量定义放在变量使用之前，一般把它放在函数体的开头部分。

项目模块

```
/*
模块编号：3.3
模块名称：计算某个学生的总分模块
模块描述：接收学生的三门课程成绩，计算总分
```

```
*/
unsigned cal_sum(unsigned s1 , unsigned s2 , unsigned s3)
{
        unsigned sum;                    /*sum 用来存放学生的总分*/
        sum=s1+s2+s3;
        return sum;
}
```

程序说明

在模块 3.3 中，由于学生的总分和课程成绩都不可能为负数，因此均将它们定义为无符号整型量。

4）整型数据的溢出

【例 3.1】整型数据的溢出。

```
void main()
{
  int a,b;
  a=32767;
  b=a+1;
  printf("%d,%d\n",a,b);
 }
```

程序说明

如果将上述程序在 16 位字长的机器上运行，则运行结果如下：

```
32767,-32768
```

32767 在内存中的存放形式如下：

0	1	1	1	1	1	1	1	1	1	1	1	1	1	1	1

-32768 在内存中的存放形式如下：

1	0	0	0	0	0	0	0	0	0	0	0	0	0	0	0

如果将上述程序在 32 位字长的机器上运行，则运行结果如下：

```
32767,32768
```

【例 3.2】不同类型的量可以参与运算并相互赋值。

```
void main()
{
  long x,y;
  int a,b,c,d;
  x=5;
  y=6;
  a=7;
  b=8;
  c=x+a;
  d=y+b;
  printf("c=x+a=%d,d=y+b=%d\n",c,d);
 }
```

运行结果如下：

```
c=x+a=12,d=y+b=14
```

程序说明

在本程序中，x、y 被定义为长整型变量，a、b 被定义为基本整型变量，它们可以同时参与运算，运算结果为长整型量；但 c、d 被定义为基本整型变量，因此最终的运算结果为基本整型量。由此说明，不同类型的量可以同时参与运算并相互赋值，其中的类型转换是由编译系统自动完成的。有关类型转换的规则将在后面的章节中进行介绍。

5. 浮点型常量

浮点型常量又称实数或者浮点数。在 C 语言中，实数只采用十进制表示。它有两种表示形式：十进制小数形式和指数形式。

（1）十进制小数形式：由数码 0～9 和小数点组成。

例如，0.0、25.0、5.789、0.13、5.0、300.、−267.8230 等均是合法的实数。注意，小数点不可省略。

（2）指数形式：由十进制数加阶码标志 e 或 E 及阶码（阶码只能为整数，可以带符号）组成。

其一般形式为 aEn（a 为十进制数，n 为十进制整数），其值为 $a\times10^n$。

例如，2.1E5=2.1×10^5；3.7E−2=3.7×10^{-2}；0.5E7=0.5×10^7；−2.8E−2=-2.8×10^{-2}。

又如，345（无小数点）、E7（阶码标志 E 之前无数字）、53.−E3（负号位置不对）、2.7E（无阶码）等均不是合法的实数。

标准 C 语言允许浮点数使用后缀。后缀为 f 或 F 表示该数为浮点数，如 356.、356.0 和 356.0f 是等价的。

【例 3.3】356.、356.0 和 356.0f 是等价的。

```
void main()
{
  printf("%f\n",356.);
  printf("%f\n",356.0);
  printf("%f\n",356.0f);
}
```

运行结果如下：

```
356.000000
356.000000
356.000000
```

浮点型常量不分单、双精度，都按双精度型处理。

6. 浮点型变量

1）浮点型变量在内存中的存放形式

浮点型变量一般占 4 字节（32 位）的内存单元，按指数形式存储。例如，实数 3.14159 在内存中的存放形式如下：

+	.314159	1
数符	小数部分	指数部分

说明：

（1）小数部分占的位数越多，数的有效数字越多，精度越高。

（2）指数部分占的位数越多，能表示的数值范围越大。

2）浮点型变量的分类

浮点型变量分为单精度型（float 型）、双精度型（double 型）和长双精度型（long double 型）三类。

在 Turbo C 中，单精度型占 4 字节（32 位）的内存单元，其表示的数值范围为-3.4×10^{38}～3.4×10^{38}，只能提供 7 位有效数字；双精度型占 8 字节（64 位）的内存单元，其表示的数值范围为-1.7×10^{308}～1.7×10^{308}，可提供 16 位有效数字。

不同浮点型变量表示的数值范围如表 3.2 所示。

表 3.2　不同浮点型变量表示的数值范围

类型说明符	所占内存单元（字节数）	有 效 数 字	表示的数值范围
float	32 位（4 字节）	6～7 位	-3.4×10^{38}～3.4×10^{38}
double	64 位（8 字节）	15～16 位	-1.7×10^{308}～1.7×10^{308}
long double	128 位（16 字节）	18～19 位	-1.1×10^{4932}～1.1×10^{4932}

浮点型变量定义的一般形式与整型变量定义的一般形式相同。例如：

```
float x,y;                          //x、y 为单精度浮点型变量
double a,b,c;                       //a、b、c 为双精度浮点型变量
```

3）浮点型数据的舍入误差

由于浮点型变量占用有限的内存空间，因此只能提供有限位数的有效数字，有效位以外的数字将被舍去，由此会产生一些误差。

【例 3.4】浮点型数据的舍入误差。

```
void main()
{
  float a,b;
  a=12345.6789e5;
  b=a+20;
  printf("%f\n",a);
  printf("%f\n",b);
}
```

运行结果如下：

```
1234567936.000000
1234567936.000000
```

注意：1.0/3*3 的结果并不等于 1。

【例 3.5】单精度型与双精度型数据舍入误差的区别。

```
void main()
{
  float a;
  double b;
```

```
    a=33333.33333;
    b=33333.33333333333333;
    printf("%f\n%f\n",a,b);
}
```

运行结果如下：

```
33333.332031
33333.333333
```

程序说明

在本程序中，a 是单精度浮点型变量，有效数字只有 7 位，而整数已占 5 位，故小数部分两位之后的数字均为无效数字；b 是双精度浮点型变量，有效数字为 16 位，但 Turbo C 规定小数部分最多保留 6 位，其余部分四舍五入。

7. 字符型数据

项目模块

```
/*
模块编号：3.4
模块名称：分数成绩转换为非分数成绩模块
模块描述：接收学生成绩，按照 90～100 分转换为 A、80～89 分转换为 B、70～79 分转换为 C、60～69 分转换为 D、小于 60 分转换为 E 的规则，对应输出该字符
*/
void sco_convert(unsigned score)    /*score 代表学生成绩*/
{
        char ch ;                   /*定义一个字符变量，用来存放转换后的字符*/
        if (score>=90)
            ch = 'A';
        else if (score>=80)
            ch = 'B';
        else if (score>=70)
            ch = 'C';
        else if (score>=60)
            ch = 'D';
        else
            ch = 'E';
printf("你的分数成绩：%d\n 转换为五级制成绩为%c\n",score,ch);
}
```

程序说明

在模块 3.4 中，通过判断学生成绩 score 的值决定得到一个什么等级。例如，当 score≥90 时，ch 被赋值为字符'A'。对于字符'A'，可以通过字符变量进行存储。在本模块中也展示出更复杂的程序结构，可以让计算机完成判断方面的任务。

1）字符常量

字符常量是用单引号引起来的一个字符。模块 3.4 中的'A'、'B'、'C'、'D'、'E'都属于字符常量。

例如，'a'、'b'、'='、'+'、'?'都是合法的字符常量。

在 C 语言中，字符常量具有以下特点。

（1）字符常量只能用单引号引起来，而不能用双引号引起来或用其他括号括起来。

（2）字符常量只能是单个字符，而不能是字符串。

（3）字符常量可以是 C 语言字符集中的任意字符。当数字被定义为字符型之后就不能参与数值运算了。比如'5'和 5 是不同的，'5'是字符常量，不能参与数值运算。

2）转义字符

转义字符是一种特殊的字符常量。转义字符以反斜线“\”开头，后跟一个或几个字符。转义字符的含义与字符原有的含义不同。例如，在前面列举的各模块中，printf 函数的格式控制字符串中用到的“\n”就是一个转义字符，其含义是“回车换行”。转义字符主要用来表示那些用一般字符不便于表示的控制代码。常用的转义字符及其含义如表 3.3 所示。

表 3.3　常用的转义字符及其含义

转义字符	含　义	对应的 ASCII 码
\n	回车换行	10
\t	横向跳到下一制表位置	9
\b	退格	8
\r	回车	13
\f	走纸换页	12
\\	反斜线符“\”	92
\'	单引号符	39
\"	双引号符	34
\a	鸣铃	7
\ddd	1～3 位八进制数所代表的字符	
\xhh	1～2 位十六进制数所代表的字符	

从广义上讲，C 语言字符集中的任意一个字符均可用转义字符来表示，表 3.3 中的\ddd 和\xhh 正是为此而提出的。ddd 和 hh 分别为八进制数和十六进制数对应的 ASCII 码。例如，\101 表示字母“A”，\102 表示字母“B”，\134 表示反斜线，\XOA 表示换行。

【例 3.6】转义字符的使用。

```
void main()
{
  int a,b,c;
  a=5; b=6; c=7;
  printf("ab  c\tde\rf\n");
  printf("hijk\tL\bM\n");
}
```

运行结果如下：

```
fb  c   de
hijk    M
```

3）字符变量

字符变量用来存储字符常量，即单个字符。

字符变量的类型说明符为 char。字符变量定义的一般形式与整型变量定义的一般形式相同。例如：

```
char a,b;
```

4）字符数据在内存中的存放形式及使用方法

由于每个字符变量被分配 1 字节的内存单元，因此其中只能存储一个字符。字符值是以 ASCII 码的形式存放在字符变量的内存单元中的。

例如，x 对应的十进制 ASCII 码是 120，y 对应的十进制 ASCII 码是 121。对字符变量 a 和 b 分别赋予'x'和'y'值，代码如下：

```
a='x';
b='y';
```

实际上，在字符变量 a 和 b 的内存单元中存放的是 120 和 121 的二进制代码。

a：

0	1	1	1	1	0	0	0

b：

0	1	1	1	1	0	0	1

所以，也可以把字符变量 a 和 b 看成整型变量。C 语言既允许给整型变量赋字符值，也允许给字符变量赋整型值。在输出时，C 语言既允许把字符变量按整型量输出，也允许把整型变量按字符型量输出。

整型量为 2 字节量，字符型量为单字节量，当把整型变量按字符型量处理时，只有低 8 位字节参与处理。

【例 3.7】给字符变量赋整型值。

```
void main()
{
  char a,b;
  a=120;
  b=121;
  printf("%c,%c\n",a,b);
  printf("%d,%d\n",a,b);
}
```

运行结果如下：

```
x,y
120,121
```

程序说明

在本程序中定义 a、b 为字符变量，但在赋值语句中赋予其整型值。从运行结果来看，a、b 值的输出形式取决于 printf 函数的格式控制字符串中的格式字符，当格式字符为“%c”时，对应输出的变量值为字符；当格式字符为“%d”时，对应输出的变量值为整数。

【例 3.8】字符变量与整数运算。

```
void main()
{
  char a,b;
  a='a';
```

```
    b='b';
    a=a-32;
    b=b-32;
    printf("%c,%c\n%d,%d\n",a,b,a,b);
}
```

运行结果如下：

```
A,B
65,66
```

程序说明

在本程序中定义 a、b 为字符变量并赋予其字符值。C 语言允许字符变量参与数值运算，即用字符对应的 ASCII 码参与数值运算。由于大、小写字母对应的 ASCII 码相差 32，因此 a-32 和 b-32 的含义是把小写字母转换为大写字母。最后将字符变量的值分别以字符型和整型输出。

项目模块

```
/*
模块编号：3.5
模块名称：姓名接收输出模块
模块描述：接收学生的姓名信息，并按照要求输出到屏幕上
*/
void Input_name( )
{
        char ch[20] ;                    /*定义一个字符数组，用来存放学生的姓名*/
        scanf ("%s", ch );               /*通过键盘输入学生的姓名*/
        printf("你输入的姓名是：\n", ch );
}
```

程序说明

在模块 3.5 中，利用一个字符数组存放学生的姓名，学生的姓名在 C 语言中被称为字符串。关于字符数组，我们将在后面的章节中详细介绍。

5）字符串常量

字符串常量是由一对双引号引起来的字符序列。例如，"CHINA"、"C program"、"$12.5" 等都是合法的字符串常量。

字符常量和字符串常量是不同的量，它们之间主要有以下区别。

（1）字符常量由一对单引号引起来，而字符串常量则由一对双引号引起来。

（2）字符常量只能是单个字符，而字符串常量则可以含有一个或多个字符。

（3）可以把一个字符常量赋予一个字符变量，但不可以把一个字符串常量赋予一个字符变量。在 C 语言中没有相应的字符串变量，但是可以利用一个字符数组来存放一个字符串常量。

（4）字符常量占 1 字节的内存单元，而字符串常量所占字节数等于字符串中的字符个数加 1，增加的 1 字节用于存放字符'\0'（对应的 ASCII 码为 0），这是字符串结束标志。

例如，字符串"C program"在内存中的存放形式如下：

C		p	r	o	g	r	a	m	\0

字符常量'a'和字符串常量"a"虽然都只含有一个字符，但占用的字节数是不同的。

字符常量'a'在内存中占 1 字节，可表示为如下形式：

a

字符串常量"a"在内存中占 2 字节，可表示为如下形式：

a	\0

3.2.3　给变量赋初值

在 C 程序中，常常需要给变量赋初值，以便使用变量。有多种方法可以给变量赋初值，这里介绍在定义变量的同时给变量赋初值的方法，这种方法被称为初始化，其一般形式如下：

```
类型说明符 变量 1=值 1,变量 2=值 2,……;
```

例如：

```
int a=3;
int b,c=5;
float x=3.2,y=3f,z=0.75;
char ch1='K',ch2='P';
```

应注意，在变量定义中不允许连续赋值，如 a=b=c=5 是不合法的。

【例 3.9】给变量赋初值。

```
void main()
{
   int a=3,b,c=5;
   b=a+c;
   printf("a=%d,b=%d,c=%d\n",a,b,c);
}
```

运行结果如下：

```
a=3,b=8,c=5
```

3.2.4　变量的数据类型转换

变量的数据类型是可以转换的。转换的方法有两种：一种是自动转换，另一种是强制转换。

1. 自动转换

自动转换发生在不同数据类型的变量进行混合运算时，由编译系统自动完成。自动转换遵循以下规则：

（1）如果参与运算的变量的数据类型不同，则先转换为同一类型，再进行运算。

（2）转换按数据长度增加的方向进行，以保证精度不降低。例如，当 int 型和 long 型变量参与运算时，先把 int 型变量转换为 long 型变量，再进行运算。

（3）所有的浮点运算都是以双精度进行的，即使是仅含 float 型变量运算的表达式，也要先转换为 double 型变量，再进行运算。

（4）当 char 型和 short 型变量参与运算时，必须先转换为 int 型变量，再进行运算。

（5）在赋值运算中，当赋值运算符两侧变量的数据类型不同时，赋值运算符右侧变量的数据类型将转换为左侧变量的数据类型。如果赋值运算符右侧变量的数据类型长度比左侧变量的数据类型长度长，则将丢失一部分数据，从而降低精度（对丢失的部分数据按四舍五入规则处理）。

图 3.4 所示为变量的数据类型自动转换规则。

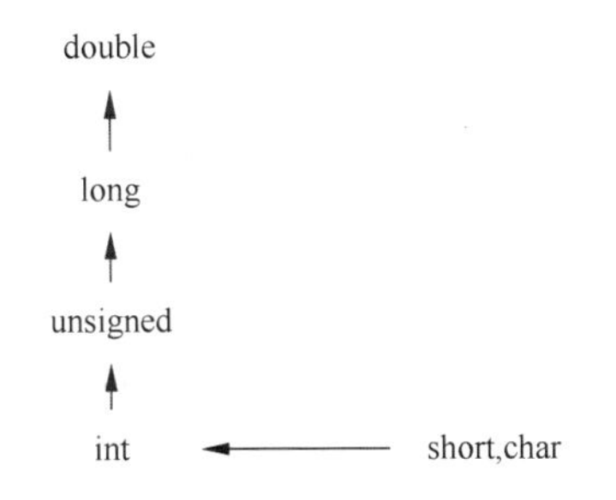

图 3.4　变量的数据类型自动转换规则

【例 3.10】变量的数据类型自动转换。

```
void main()
{
  float PI=3.14159;
  int s,r=5;
  s=r*r*PI;
  printf("s=%d\n",s);
}
```

运行结果如下：

```
s=78
```

程序说明

在本程序中，PI 为 float 型变量，s、r 为 int 型变量。在执行 s=r*r*PI 语句时，变量 r 和 PI 都将被转换为 double 型，乘法运算的结果也为 double 型。但由于 s 为 int 型变量，故赋值运算的结果仍为 int 型，舍去了小数部分。

2．强制转换

强制转换是通过类型转换运算来实现的，其一般形式如下：

```
(类型说明符) (表达式)
```

其功能是把表达式的运算结果强制转换为类型说明符所表示的类型。

例如：

```
(float) a;                          //把 a 强制转换为 float 型
(int)(x+y);                         //把 x+y 的运算结果强制转换为 int 型
```

在使用强制转换时应注意以下问题：

（1）类型说明符和表达式都必须用圆括号括起来（单个变量可以不用圆括号括起来）。如果把(int)(x+y)写成(int)x+y，那么其含义是先把 x 转换为 int 型，再与 y 相加。

（2）无论是强制转换还是自动转换，都只是为了满足本次运算的需要而对变量的数据类型进行的临时性转换，并不会改变变量本身的数据类型。

【例 3.11】变量的数据类型强制转换。

```
void main()
```

```
{
  float f=5.75;
  printf("(int)f=%d,f=%f\n",(int)f,f);
}
```

运行结果如下：

```
(int)f=5,f=5.750000
```

程序说明

在本程序中，f 虽被强制转换为 int 型，但只在运算中起作用，是临时性的，而 f 本身的数据类型并不发生改变。因此，(int)f 的值为 5（舍去了小数部分），而 f 的值不变。

3.2.5 数据的输入

所谓输入/输出是以计算机为主体而言的。本章介绍的是向标准输出设备——显示器输出数据的语句。在 C 语言中，所有的数据输入/输出都是由库函数完成的。

在使用 C 语言中的库函数时，需要用预编译命令“#include”将有关头文件包含到源文件中。在使用标准输入/输出库函数时，需要用到头文件 stdio.h，因此，在源文件开头应该有以下预编译命令：

```
#include<stdio.h>
```

或

```
#include"stdio.h"
```

其中，stdio 是 standard input &output 的意思。

考虑到 printf 和 scanf 函数使用频繁，系统允许在使用这两个函数时不在源文件开头加入上述预编译命令。

1. getchar 函数（键盘输入函数）

项目模块

```
/*
模块编号：3.6
模块名称：非分数成绩输入模块
模块描述：接收从外部输入的非数值型成绩
*/
char non-num_input()
{
       char ch;                    /*定义一个字符变量，用来存放从外部输入的非数值型成绩*/
       ch = getchar();
       return ch;
}
```

程序说明

在模块 3.6 中，利用 getchar 函数接收通过键盘输入的单个字符，并存放到变量 ch 中。getchar 函数的功能是从计算机终端（一般为键盘）获取一个字符，其一般形式如下：

```
getchar();
```

我们通常把输入的字符赋予一个字符变量，构成赋值语句。例如：

```
char c;
c=getchar();
```

【例 3.12】输入单个字符。

```
#include<stdio.h>
void main()
{
  char c;
  printf("input a character\n");
  c=getchar();
  putchar(c);
}
```

假设输入“a”，则运行结果如下：

```
input a character
a
a
```

程序说明

在使用 getchar 函数时，应注意以下几点。

（1）getchar 函数只能接收单个字符，对输入的数字也按字符处理。当输入多于一个字符时，getchar 函数只接收第一个字符。

（2）在使用 getchar 函数前必须包含头文件 stdio.h。

（3）在运行窗口下运行含有 getchar 函数的程序时，将退出运行窗口，进入用户屏幕，等待用户输入，用户输入完成后再返回运行窗口。

（4）本程序中的第 6 行和第 7 行可用以下两行中的任意一行代替。

```
putchar(getchar());
printf("%c",getchar());
```

2. scanf 函数（格式输入函数）

1）整型变量的输入

项目模块

```
/*
模块编号：3.7
模块名称：课程信息输入模块
模块描述：接收从外部输入的课程名称、学时、学分信息
*/
void cou_input()
{
      char cname[10];                      /*cname 代表课程名称*/
      int t;                               /*t 代表学时*/
      float s;                             /*s 代表学分*/
      scanf("%s,%d,%f",cname,&t,&s);
}
```

程序说明

在模块 3.7 中，利用 scanf 函数来按照一定的格式接收从外部输入的多个数据。

scanf 函数被称为格式输入函数，即按用户指定的格式通过键盘把数据输入指定的变量之中。scanf 函数是一个标准库函数，它的函数原型在头文件 stdio.h 中。

scanf 函数的一般形式如下：

```
scanf("格式控制字符串",地址表列);
```

其中，格式控制字符串的作用与 printf 函数中的格式控制字符串的作用相同，但不能显示非格式控制字符串，也就是不能显示提示字符串；地址表列中给出了各变量的地址。地址是由地址运算符“&”后跟变量名组成的。例如，&a、&b 分别表示变量 a、b 的地址，这个地址就是编译系统在内存中给变量 a、b 分配的地址。

应该把变量的值和变量的地址这两个不同的概念区分开来。变量的地址是由编译系统分配的，用户不必关心具体的地址是多少。

变量的值和变量的地址的关系为：在赋值表达式中给变量赋值，如 a=567，则 a 为变量名，567 是变量的值，&a 表示变量 a 的地址。

赋值号左侧是变量名，不能写地址；而 scanf 函数的功能在本质上也是给变量赋值，但要求写变量的地址，如&a。这两者在形式上是不同的。&是一个取地址运算符；而&a 是一个表达式，其功能是求变量的地址。

【例 3.13】scanf 函数的使用。

```
void main()
{
  int a,b,c;
  printf("input a,b,c\n");
  scanf("%d%d%d",&a,&b,&c);
  printf("a=%d,b=%d,c=%d",a,b,c);
}
```

假设输入“7 8 9”，则运行结果如下：

```
input a,b,c
7 8 9
a=7,b=8,c=9
```

程序说明

在本程序中，由于 scanf 函数本身不能显示提示字符串，故先用 printf 函数在屏幕上输出提示信息，请用户输入 a、b、c 的值。当程序运行到 scanf 函数处时，系统将退出运行窗口，进入用户屏幕，等待用户输入。用户输入“7 8 9”后按回车键，系统又将返回运行窗口。在 scanf 函数的格式控制字符串中，由于没有非格式字符在“%d%d%d”之间作为输入数据之间的间隔，因此在输入时要用一个及一个以上的空格或按回车键作为每两个输入数据之间的间隔。例如：

```
7 8 9
```

或

```
7
8
9
```

2）格式控制字符串

格式控制字符串的一般形式如下：

```
%[*][输入数据宽度][长度]类型
```

其中，有方括号“[]”的项为任选项。

格式控制字符串中各项的含义如下。

（1）*：表示该输入值被读取后，不把它赋予相应的变量，即跳过该输入值。

例如：

```
scanf("%d %*d %d",&a,&b);
```

当输入“1 2 3”时，把 1 赋予变量 a，2 被跳过，把 3 赋予变量 b。

（2）输入数据宽度：用十进制整数指定输入数据宽度（字符数）。

例如：

```
scanf("%5d",&a);
```

当输入“12345678”时，只把 12345 赋予变量 a，其余部分被舍去。

又如：

```
scanf("%4d%4d",&a,&b);
```

当输入“12345678”时，把 1234 赋予变量 a，而把 5678 赋予变量 b。

（3）长度：表示长度的格式字符为 l 和 h，l 表示输入长整型数（如%ld）和双精度浮点数（如%lf），h 表示输入短整型数。

（4）类型：表示输入数据的类型。表示类型的格式字符及其含义如表 3.4 所示。

表 3.4 表示类型的格式字符及其含义

格式字符	含义
d	输入十进制整数
o	输入八进制整数
x	输入十六进制整数
u	输入无符号十进制整数
f 或 e	输入浮点数（用小数形式或指数形式）
c	输入单个字符
s	输入字符串

在使用 scanf 函数时，应注意以下几点。

（1）scanf 函数中没有精度控制。例如，scanf("%5.2f",&a);是非法的，不能试图用此语句输入小数部分为两位的浮点数。

（2）scanf 函数中要求给出变量的地址，如果仅给出变量名，则会报错。例如，scanf("%d",a);是非法的，应改为 scanf("%d",&a);。

（3）在输入多个数值数据时，如果在格式控制字符串中没有非格式字符作为输入数据之间的间隔，则可用空格或按 Tab 键、回车键作为间隔。编译系统在碰到空格、Tab 键、回车键或非法数据（如对“%d”输入“12A”时，A 为非法数据）时，即认为该数据输入结束。

（4）在输入字符数据时，如果在格式控制字符串中没有非格式字符，则编译系统认为输入的所有字符均为有效字符。

例如：

```
scanf("%c%c%c",&a,&b,&c);
```

假设输入“d e f”，则把'd'赋予变量 a，把' '赋予变量 b，把'e'赋予变量 c。

只有当输入“def”时，才能把'd'赋予变量 a，把'e'赋予变量 b，把'f'赋予变量 c。

如果在格式控制字符串中加入空格作为输入数据之间的间隔，则输入时各数据之间可加空格。例如：

```
scanf("%c %c %c",&a,&b,&c);
```

【例 3.14】通过键盘连续输入两个字符数据并输出。

```
void main()
{
  char a,b;
  printf("input character a,b\n");
  scanf("%c%c",&a,&b);
  printf("%c%c\n",a,b);
}
```

假设输入“MN”，则运行结果如下：

```
input character a,b
MN
MN
```

程序说明

在本程序中，由于 scanf 函数的格式控制字符串"%c%c"之间没有空格，因此，如果输入“M N”，则只输出 M；如果输入“MN”，则输出 MN。

【例 3.15】通过键盘输入两个字符（中间用空格隔开）并输出。

```
void main()
{
  char a,b;
  printf("input character a,b\n");
  scanf("%c %c",&a,&b);
  printf("%c%c\n",a,b);
}
```

假设输入“M N”，则运行结果如下：

```
input character a,b
M N
MN
```

程序说明

在本程序中，由于 scanf 函数的格式控制字符串"%c %c"之间有空格，因此输入的数据之间可以用空格隔开。

如果在格式控制字符串中有非格式字符，则输入时也要输入该非格式字符。

例如：

```
scanf("%d,%d,%d",&a,&b,&c);
```

其中用非格式字符“,”作为间隔符，此时输入应为“5,6,7”。

又如：

```
scanf("a=%d,b=%d,c=%d",&a,&b,&c);
```

此时输入应为“a=5,b=6,c=7”。

当输入数据类型与输出数据类型不一致时，虽然编译能够通过，但结果将是错误的。

【例 3.16】先通过键盘输入一个整型数据 a，再使用长整型对变量进行输出。

```
void main()
{
  int a;
  printf("input a number\n");
  scanf("%d",&a);
  printf("%ld",a);
}
```

程序说明

在本程序中，输入数据类型为整型，而输出语句的格式控制字符串中给出的输出数据类型为长整型。对本程序进行如下改动：

```
void main()
{
  long a;
  printf("input a long integer\n");
  scanf("%ld",&a);
  printf("%ld",a);
}
```

运行结果如下：

```
input a long integer
1234567890
1234567890
```

在更改输入数据类型为长整型后，输出数据和输入数据一致。

【例 3.17】通过键盘输入三个小写字母，输出这三个小写字母对应的 ASCII 码及大写字母。

```
void main()
{
  char a,b,c;
  printf("input character a,b,c\n");
  scanf("%c %c %c",&a,&b,&c);
  printf("%d,%d,%d\n%c,%c,%c\n",a,b,c,a-32,b-32,c-32);
}
```

假设输入“a b c”，则运行结果如下：

```
input character a,b,c
a b c
97,98,99
A,B,C
```

3.3 成绩信息输出模块知识基础

项目模块

```
/*
模块编号：3.8
模块名称：输入数量记录模块
模块描述：接收成绩输入并进行计数，输出计数结果
*/
void inp_count()
{
    int score;                          /*score代表成绩*/
    int c=0;                            /*c代表计数器*/
    scanf("%d",&score);
    while (score >=0)
    {
        c++;
        scanf("%d",&score);
    }
    printf("%d",c);
}
```

程序说明

在模块 3.8 中，利用 while 语句反复输入成绩，用变量 c 来统计输入成绩的个数。while 是一个循环结构，如果判断 while 后面的表达式成立，就不断地执行后面花括号“{}”中的语句。关于循序结构及其语法知识，我们将在后面的章节中详细介绍。

3.3.1 运算符和表达式

C 语言中的运算符和表达式数量之多，在高级语言中是少见的。丰富的运算符和表达式使得 C 语言的功能十分完善。这也是 C 语言的主要特点之一。

C 语言中的运算符不仅具有不同的优先级，而且具有结合性。在表达式中，各运算量参与运算的先后顺序不仅要遵守运算符优先级别的规定，还要受运算符结合性的制约，以便确定是自左至右还是自右至左进行运算。这种结合性是其他高级语言中的运算符所不具有的，因而增加了 C 语言的复杂性。

1. 运算符简介

C 语言中的运算符可以分为以下几类。

（1）算术运算符：用于各类数值运算，包括加（+）、减（–）、乘（*）、除（/）、求余（或称模运算，%）、自增（++）、自减（––）7 种运算符。

（2）关系运算符：用于比较运算，包括大于（>）、小于（<）、等于（==）、大于或等于（>=）、小于或等于（<=）、不等于（!=）6 种运算符。

（3）逻辑运算符：用于逻辑运算，包括与（&&）、或（||）、非（!）3 种运算符。

（4）位操作运算符：参与运算的量按二进制位进行运算，包括位与（&）、位或（|）、位非

(~)、位异或（^）、左移（<<）、右移（>>）6 种运算符。

（5）赋值运算符：用于赋值运算，分为简单赋值（=）、复合算术赋值（+=、-=、*=、/=、%=）和复合位运算赋值（&=、|=、^=、>>=、<<=）3 类共 11 种运算符。

（6）条件运算符：这是一个三目运算符，用于条件求值（?:）。

（7）逗号运算符：用于把若干个表达式组合成一个表达式（,）。

（8）指针运算符：用于取内容（*）和取地址（&）两种运算。

（9）求字节数运算符：用于计算数据类型所占的字节数（sizeof）。

（10）特殊运算符：包括括号()、下标[]、成员（→、.）等运算符。

2. 算术运算符和算术表达式

1）算术运算符

（1）加法运算符“+”。加法运算符为双目运算符，即应有两个量参与加法运算，如 a+b、4+8 等，具有右结合性。

（2）减法运算符“-”。减法运算符为双目运算符，具有左结合性。但“-”也可作为负值运算符，此时为单目运算符，如-x、-5 等。

（3）乘法运算符“*”。乘法运算符为双目运算符，具有左结合性。

（4）除法运算符“/”。除法运算符为双目运算符，具有左结合性。当参与运算的量均为整型量时，结果也为整型量，舍去小数部分。如果参与运算的量中有一个是浮点型量，则结果为双精度浮点型量。

（5）求余运算符（取模运算符）“%”。求余运算符为双目运算符，具有左结合性。该运算符要求参与运算的量均为整型量。求余运算的结果为两数相除的余数。

【例 3.18】除法运算符的使用。

```
void main()
{
  printf("%d,%d\n",20/7,-20/7);
  printf("%f,%f\n",20.0/7,-20.0/7);
}
```

运行结果如下：

```
2,-2
2.857143,-2.857143
```

程序说明

在本程序中，20/7 和-20/7 的结果均为整型量，小数部分全部被舍去；而 20.0/7 和-20.0/7 由于有浮点型量参与运算，因此结果也为浮点型量。

【例 3.19】求余运算符的使用。

```
void main()
{
  printf("%d\n",100%3);
}
```

运行结果如下：

```
1
```

程序说明

本程序输出的是 100 除以 3 的余数 1。

2）算术表达式

表达式是由常量、变量、函数和运算符按照一定的规则组成的式子。一个表达式有一个值及其类型，它们等于计算表达式所得结果的值及其类型。表达式求值按运算符的优先级和结合性规定的顺序进行。单个的常量、变量、函数可以被视为表达式的特例。

算术表达式是用算术运算符和圆括号将运算对象（也称操作数）连接起来的、符合 C 语言语法规则的式子。

以下是算术表达式的例子：

```
a+b
(a*2)/c
(x+r)*8-(a+b)/7
++I
sin(x)+sin(y)
(++i)-(j++)+(k--)
```

3）自增、自减运算符

自增运算符记为“++”，其功能是使变量的值自增 1。

自减运算符记为“--”，其功能是使变量的值自减 1。

自增、自减运算符均为单目运算符，都具有右结合性。它们有以下几种用法。

- ++i：i 自增 1 后再参与其他运算。
- --i：i 自减 1 后再参与其他运算。
- i++：i 参与运算后，i 的值再自增 1。
- i--：i 参与运算后，i 的值再自减 1。

在理解和使用上容易出错的是 i++和 i--。特别是当它们出现在较复杂的表达式或语句中时，人们常常难以分辨。

【例 3.20】自增、自减运算符的使用。

```
void main()
{
  int i=8;
  printf("%d\n",++i);
  printf("%d\n",--i);
  printf("%d\n",i++);
  printf("%d\n",i--);
  printf("%d\n",-i++);
  printf("%d\n",-i--);
 }
```

运行结果如下：

```
9
8
8
9
```

```
-8
-9
```

程序说明

在本程序中，i 的初值为 8，第 4 行 i 自增 1 后输出，故为 9；第 5 行 i 自减 1 后输出，故为 8；第 6 行输出 8 之后 i 再自增 1（为 9）；第 7 行输出 9 之后 i 再自减 1（为 8）；第 8 行输出-8 之后 i 再自增 1（为 9）；第 9 行输出-9 之后 i 再自减 1（为 8）。

3. 赋值运算符和赋值表达式

1）简单赋值运算符和赋值表达式

简单赋值运算符记为“=”。由“=”连接的式子被称为赋值表达式，其一般形式如下：

```
变量=表达式
```

例如：

```
x=a+b
w=sin(a)+sin(b)
y=i+++--j
```

赋值表达式的功能是先计算赋值运算符右侧表达式的值，再将该值赋予赋值运算符左侧的变量。由于赋值运算符具有右结合性，因此可将 a=b=c=5 理解为 a=(b=(c=5))。

在其他高级语言中，赋值构成了一条语句，这条语句被称为赋值语句。而在 C 语言中，把“=”定义为赋值运算符，从而构成赋值表达式。凡是表达式可以出现的地方均可出现赋值表达式。

例如，赋值表达式 x=(a=5)+(b=8)是合法的。它的含义是先把 5 赋予 a，把 8 赋予 b，再把 a、b 相加，最后把和赋予 x，故 x 应等于 13。

按照 C 语言的语法规则，任何表达式在其末尾加上分号就构成语句，因此，在赋值表达式末尾加上分号就构成赋值语句，比如 x=8;、a=b=c=5;都是赋值语句。

2）数据类型转换

如果赋值运算符两侧变量的数据类型不一致，那么编译系统将自动进行数据类型转换，即把赋值运算符右侧变量的数据类型转换为赋值运算符左侧变量的数据类型。具体规定如下：

（1）把浮点型量赋予整型量，舍去小数部分。

（2）把整型量赋予浮点型量，数值不变，但将以小数形式存放，即增加小数部分（小数部分的值为 0）。

（3）把字符型量赋予整型量，由于字符型量占 1 字节，而整型量占 2 字节，故将字符型量对应的 ASCII 码放到整型量的低 8 位中，高 8 位为 0。把整型量赋予字符型量，只把低 8 位赋予字符型量。

【例 3.21】赋值运算中数据类型转换的使用。

```
void main()
{
  int a,b=322;
  float x,y=8.88;
  char c1='k',c2;
```

```
  a=y;
  x=b;
  a=c1;
  c2=b;
  printf("%d,%f,%d,%c",a,x,a,c2);
}
```

运行结果如下：

```
107,322.000000,107,B
```

程序说明

在本程序中，a 为整型量，赋予其浮点型量 y 值 8.88 后只取整数部分 8。x 为浮点型量，赋予其整型量 b 值 322 后增加了小数部分。把字符型量 c1 赋予 a 变为整型量，把整型量 b 赋予 c2 后取其低 8 位变为字符型量（b 的低 8 位为 01000010，即十进制 66，按 ASCII 码对应于字符 B）。

3）复合赋值运算符和复合赋值表达式

在赋值运算符“=”之前加上其他双目运算符可构成复合赋值运算符，如+=、-=、*=、/=、%=、<<=、>>=、&=、^=、|=。

复合赋值表达式的一般形式如下：

```
变量  双目运算符=表达式
```

它等效于

```
变量=变量 运算符 表达式
```

例如，a+=5 等价于 a=a+5；x*=y+7 等价于 x=x*(y+7)；r%=p 等价于 r=r%p。

初学者可能不习惯复合赋值运算符的这种写法，但这种写法十分有利于编译处理，能提高编译效率并产生质量较高的目标代码。

4．逗号运算符和逗号表达式

在 C 语言中，逗号“,”也是一种运算符，称为逗号运算符，其功能是把两个表达式连接起来组成一个表达式，称为逗号表达式。

逗号表达式的一般形式如下：

```
表达式 1,表达式 2
```

其求值过程是分别求两个表达式的值，并以表达式 2 的值作为整个逗号表达式的值。

【例 3.22】 逗号运算符和逗号表达式的使用。

```
void main()
{
  int a=2,b=4,c=6,x,y;
  y=((x=a+b),(b+c));
  printf("y=%d,x=%d",y,x);
}
```

运行结果如下：

```
y=10,x=6
```

程序说明

在本程序中，y 的值为整个逗号表达式的值，也就是表达式 2 的值，x 的值为第一个表达式的值。

关于逗号表达式，还要说明以下几点。

（1）逗号表达式一般形式中的表达式 1 和表达式 2 也可以是逗号表达式。

例如：

```
表达式 1,(表达式 2,表达式 3)
```

上述表达式构成了嵌套情形。因此，可以把逗号表达式扩展为以下形式：

```
表达式 1,表达式 2,……,表达式 n
```

整个逗号表达式的值为表达式 n 的值。

（2）在 C 程序中使用逗号表达式，通常要分别求逗号表达式内各表达式的值，并不一定要求整个逗号表达式的值。

（3）并不是所有出现逗号的地方都会组成逗号表达式，如在变量声明中，函数参数表中的逗号只是作为各变量之间的分隔符。

3.3.2　运算符的优先级和结合性

一般而言，单目运算符的优先级较高，赋值运算符的优先级较低；算术运算符的优先级较高，关系运算符和逻辑运算符的优先级较低。多数运算符具有左结合性，单目运算符、三目运算符、赋值运算符具有右结合性。

1．运算符的优先级

C 语言中各运算符的优先级分为 15 级，1 级最高，15 级最低。在表达式中，优先级较高的先于优先级较低的进行运算。而当一个运算量两侧的运算符优先级相同时，按运算符的结合性所规定的结合方向处理。

2．运算符的结合性

C 语言中各运算符的结合性分为两种，即左结合性（自左至右）和右结合性（自右至左）。例如，算术运算符的结合性是自左至右，即先左后右。如有表达式 x−y+z，则 y 应先与“−”结合执行 x−y 运算，再执行(x−y)+z 运算。这种自左至右的结合方向被称为左结合性。而自右至左的结合方向被称为右结合性。典型的右结合性运算符是赋值运算符。如有表达式 x=y=z，由于赋值运算符“=”具有右结合性，因此应先执行 y=z 运算，再执行 x=(y=z)运算。C 语言中的运算符有不少具有右结合性，大家应注意区分，以免理解错误。

3.3.3　数据的输出

1．putchar 函数（字符输出函数）

putchar 函数是字符输出函数，其功能是在屏幕上输出单个字符。

putchar 函数调用的一般形式如下：

```
putchar(字符变量);
```

例如：

```
putchar('A');                      //输出字符 A
```

```
putchar(x);                              //输出字符变量x的值
putchar('\101');                         //输出字符A
putchar('\n');                           //换行
```

putchar 函数对格式字符执行控制功能，不在屏幕上显示。

【例 3.23】输出单个字符。

```
#include<stdio.h>
void main()
{
  char a='B',b='o',c='k';
  putchar(a);putchar(b);putchar(b);putchar(c);putchar('\t');
  putchar(a);putchar(b);
  putchar('\n');
  putchar(b);putchar(c);
 }
```

运行结果如下：

```
Book    Bo
ok
```

2．printf 函数（格式输出函数）

printf 函数是格式输出函数，其关键字最后一个字母 f 就有“格式（Format）”之意。printf 函数的功能是按用户指定的格式把指定的数据显示到屏幕上。在前面的例题中我们已经多次使用 printf 函数。

printf 函数是一个标准库函数，它的函数原型在头文件 stdio.h 中。但作为一个特例，不要求在使用 printf 函数之前必须包含头文件 stdio.h。

printf 函数调用的一般形式如下：

```
printf("格式控制字符串",输出表列);
```

其中，格式控制字符串用于指定输出格式，在 3.2.5 节中已有介绍。非格式控制字符串按原样输出，在显示中起提示作用。输出表列中给出了各输出项，要求格式控制字符串和各输出项在数量和类型上一一对应。

【例 3.24】用格式控制字符串指定输出格式。

```
void main()
{
  int a=88,b=89;
  printf("%d %d\n",a,b);
  printf("%d,%d\n",a,b);
  printf("%c,%c\n",a,b);
  printf("a=%d,b=%d",a,b);
}
```

运行结果如下：

```
88 89
88,89
X,Y
a=88,b=89
```

程序说明

在本程序中输出了 4 次 a、b 的值，但由于格式控制字符串不同，输出结果也不相同。第 4 行的格式控制字符串中加入的是一个空格（非格式字符），所以输出的 a、b 值之间有一个空格。第 5 行的格式控制字符串中加入的是一个逗号（非格式字符），所以输出的 a、b 值之间有一个逗号。第 6 行的格式控制字符串指定按字符型输出 a、b 的值。第 7 行的格式控制字符串中加入的是非格式字符串，目的是提示输出结果。

【例 3.25】用格式控制字符串指定输出字符的宽度。

```
void main()
{
 int a=15;
 float b=123.1234567;
 double c=12345678.1234567;
 char d='p';
 printf("a=%d,%5d,%o,%x\n",a,a,a,a);
 printf("b=%f,%lf,%5.4lf,%e\n",b,b,b,b);
 printf("c=%lf,%f,%8.4lf\n",c,c,c);
 printf("d=%c,%8c\n",d,d);
}
```

运行结果如下：

```
a=15,   15,17,f
b=123.123459,123.123459,123.1235,1.231235e+002
c=12345678.123457,12345678.123457,12345678.1235
d=p,       p
```

程序说明

在本程序中，第 7 行要求以 4 种格式输出整型变量 a 的值，其中“%5d”指定输出宽度为 5，而 a 值为 15，只有 2 位，故补 3 个空格。第 8 行要求以 4 种格式输出浮点型变量 b 的值，其中“%f”和“%lf”格式的输出结果相同，说明“l”字符对“f”类型无影响；“%5.4lf”指定输出宽度为 5、精度为 4，由于 b 值的实际长度超过给定宽度 5，故应该按实际位数宽度输出，由于 b 值的小数位数超过指定精度 4，故输出小数位数四舍五入保留 4 位。第 10 行要求输出字符型变量 d 的值，其中“%8c”指定输出宽度为 8，故在输出字符 p 之前补 7 个空格。

在使用 printf 函数时还要注意输出表列中的求值顺序。在不同的编译系统中求值顺序不一定相同，可以是自左至右，也可以是自右至左。在 Turbo C 中是按自右至左的顺序进行求值的。请看下面两个例子。

【例 3.26】注意输出表列中的求值顺序。

例子 1：

```
void main()
{
 int i=8;
 printf("%d\n%d\n",-i++,-i--);
}
```

运行结果如下：

```
-7
-8
```

例子 2：

```
void main()
{
  int i=8;
  printf("%d\n",-i++);
  printf("%d\n",-i--);
}
```

运行结果如下：

```
-8
-9
```

程序说明

这两个程序的区别在于，是用一条 printf 语句输出，还是用多条 printf 语句输出。可以看到，这两个程序的运行结果是不同的。这是因为 printf 函数的输出表列中的求值顺序是自右至左。在例子 1 中，先对最后一项“-i--”求值，结果为-8，i 自减 1 后为 7；再对“-i++”项求值，结果为-7，i 自增 1 后为 8。

需要注意的是，求值顺序虽是自右至左，但输出顺序还是自左至右。

3.4 成绩处理子系统的编码设计和编码实现

本节对成绩处理子系统进行编码设计和编码实现。成绩处理子系统作为本项目的核心处理部分，主要针对学生成绩的输入、编辑、删除等方面进行基本数据的处理，以及根据用户的需要对学生成绩进行查询、统计、计算等处理。

我们首先给出成绩处理子系统的概要设计文档，然后依据每个模块的详细设计说明书进行编码。

1．分数成绩输入模块

模块名称：分数成绩输入模块。

模块描述：接收学生的数值型成绩并进行存储。

输入项：输入 0～100 之间的浮点数，精度要求为保留小数点后两位。

输出项：将输入的成绩存储到学生成绩文件中。

分数成绩输入模块流程图如图 3.5 所示。

模块编码实现：

```
void num_input (float score[ ])
{
    float s;
    int i=0;
    printf("成绩输入格式 xx.xx 或 xx! \n 当遇到负数输入结束! \n");
    scanf("%f",&s);
    while(s>=0)
```

```
    {
        score[i]=s;
        i++;
        scanf ("%f",&s);
    }
}
```

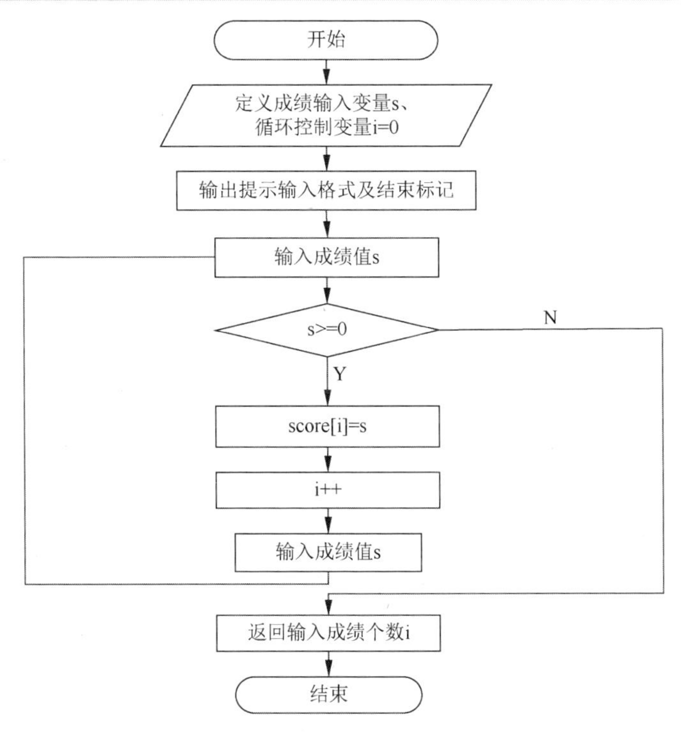

图 3.5 分数成绩输入模块流程图

2. 非分数成绩输入模块

模块名称：非分数成绩输入模块。

模块描述：接收学生的非数值型成绩对应的标记代码并进行存储。

输入项：输入 A～F 或 a～f 之间的字符型数据。

输出项：将输入的成绩存储到学生成绩数组中。

非分数成绩输入模块流程图如图 3.6 所示。

模块编码实现：

```
void nonnum_input (char fscore[ ])
{
    char ch;
    int i=0;
    printf ("输入格式：A～F 或 a～f 之间的字符\n");
    printf ("\tA 或 a 不及格\t");
    printf ("\tB 或 b 及格\n");
    printf ("\tC 或 c 中等\t");
    printf ("\tD 或 d 良好\n");
    printf ("\tE 或 e 优秀\t");
```

```
        printf ("\tF或f退出\t");
        scanf ("%c",&ch);
        while (ch>='A'&&ch<='F' || ch>='a'&&ch<='f')
        {
            if (ch!='F' || ch!='f')
            {
                fscore[i]=ch;
                i++;
                scanf ("%c",&ch);
            }
            else
                return i;
            }
        return i;
    }
```

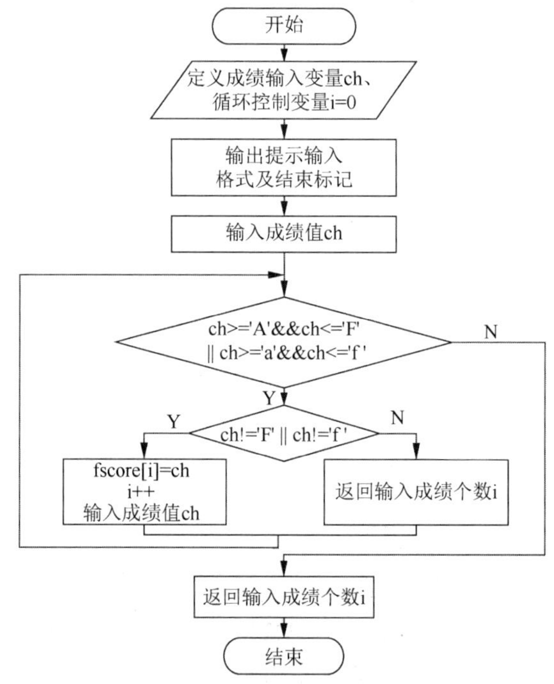

图 3.6　非分数成绩输入模块流程图

3．个人成绩输出模块

模块名称：个人成绩输出模块。

模块描述：接收学号、课程名称、成绩和已修课程数目，输出该学生的所有成绩信息。

输入项：输入长整型的学号、字符型二维数组的课程名称、浮点型数组的成绩、整型的已修课程数目。

输出项：输出字符型二维数组的课程名称、浮点型数组的成绩到显示屏幕终端。

个人成绩输出模块流程图如图 3.7 所示。

模块编码实现：

```
    void psco_output (long num,char cname[ ][20],float score[ ],int n)
```

```
{
    int i;
    printf ("学号%ld 的成绩单\n",num);
    printf ("\t\t 课程名称\t\t\t\t 课程成绩\n");
    for (i=0; i<n ; i++)
    {
        printf ("\t\t\-%s",cname[i]);
        printf ("\t\t\t\t%f.2\n",score[i]);
    }
}
```

4. 计算绩点模块

模块名称：计算绩点模块。

模块描述：接收学生某门课程的总成绩和考试类型，计算该门课程的绩点。

$$\text{绩点}=\begin{cases}(\text{总成绩}-60)/5+2, & \text{总成绩}\geqslant 60\\ 0, & \text{总成绩}<60\end{cases}$$

在进行绩点计算时，还应看考试类型是否是重修。如果是重修，则在原绩点的基础上减 1。

输入项：输入浮点型的总成绩和字符型的考试类型。

输出项：输出绩点值。

计算绩点模块流程图如图 3.8 所示。

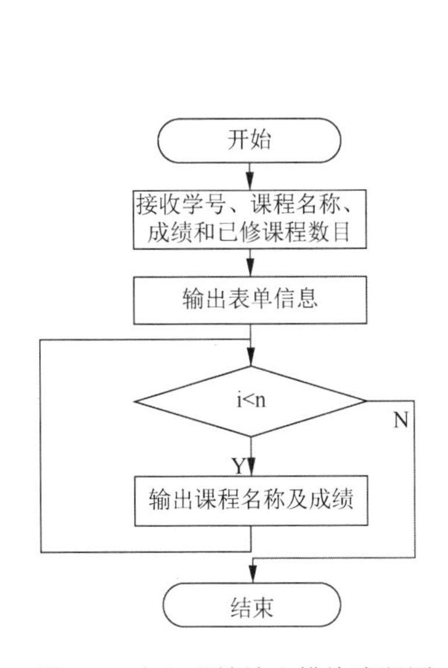

图 3.7　个人成绩输出模块流程图

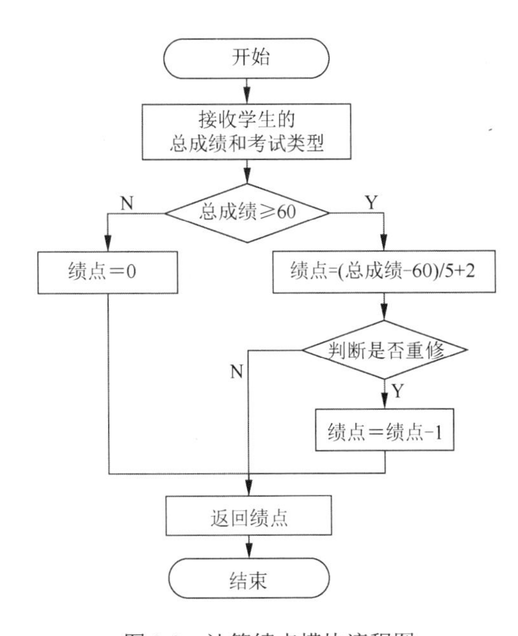

图 3.8　计算绩点模块流程图

模块编码实现：

```
float cal_gpa(float score,char style)
{
    float gpa;
    if (score>=60)
    {
        gpa=(score-60)/5+2;
```

```
        if (style=='c')
        {
            gpa=gpa-1;
        }
    }
    else
        gpa=0;
    return gpa;
}
```

3.5 小结

为了实现成绩处理子系统，完成相关信息（如学生信息等）的输入和简单计算，本章从数据类型、常量与变量、给变量赋初值、变量的数据类型转换、数据的输入、运算符和表达式、运算符的优先级和结合性、数据的输出等方面对 C 语言数据类型的相关内容进行了详细介绍，并在最后给出了成绩处理子系统的编码设计和编码实现方法。

第4章

查询统计子系统实现

4.1 查询统计子系统概述

项目概述

图 4.1 所示为查询统计子系统主要功能模块图。在本章中，我们将根据项目设计文档来实现查询统计子系统的主体功能。查询统计子系统主要包括辅助信息查询、成绩信息查询、统计三个模块。

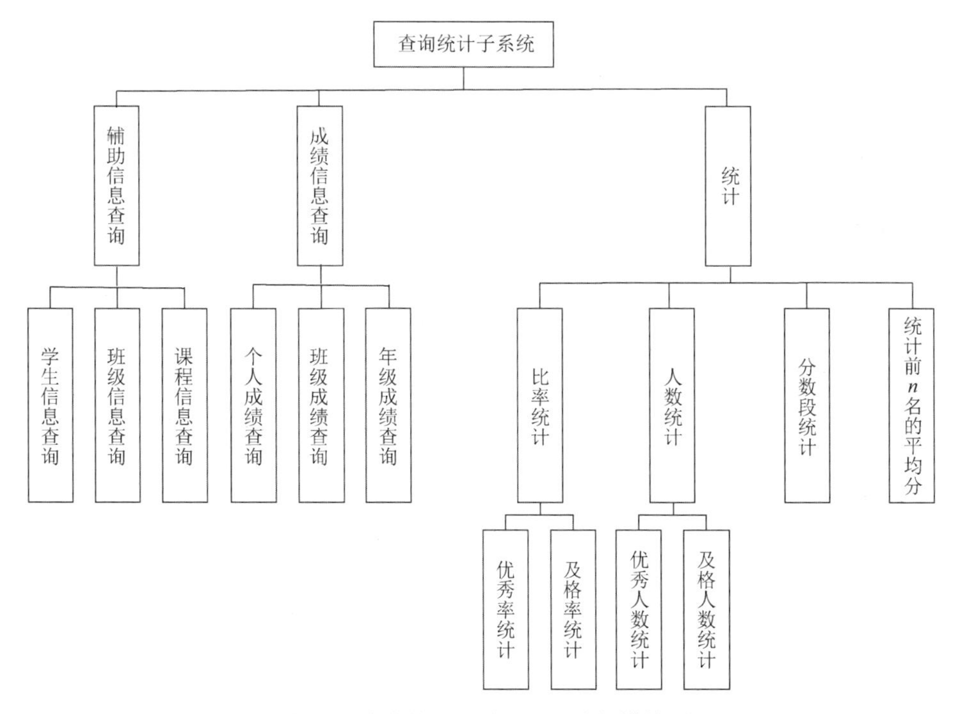

图 4.1　查询统计子系统主要功能模块图

关注点

（1）查询。查询是指在计算机中查找所需的内容。

（2）统计。统计就是按照一定的要求进行一定的计算，给出一定的规律性指标。

（3）选择结构。选择结构也被称为分支结构，其作用是根据给定的条件是否成立来决定程序的执行流程。

（4）条件表达式。条件表达式给出在进行判断选择时的条件，可以是单个条件或者多个条件的组合。

4.2 查询统计子系统控制条件知识基础

4.2.1 关系运算符和关系表达式

项目模块

```
/*
模块编号：4.1
模块名称：优秀判断模块
模块描述：接收学生成绩，判断是否优秀
*/
void exc_stat(int score)                /*score 代表学生成绩*/
{
  if (score >= 90)                      /*判断成绩是否大于或等于 90 分*/
        printf ("你的成绩优秀！\n");
}
```

在程序中经常需要比较两个量的大小关系，以决定程序下一步的工作。比较两个量大小关系的运算符被称为关系运算符。

1．关系运算符及其优先级

C 语言中有 6 种关系运算符，分别为<（小于）、<=（小于或等于）、>（大于）、>=（大于或等于）、==（等于）、!=（不等于）。

关系运算符都是双目运算符，都具有左结合性。关系运算符的优先级低于算术运算符的优先级，高于赋值运算符的优先级。在 6 种关系运算符中，<、<=、>、>=的优先级相同，且高于==和!=的优先级，==和!=的优先级相同。

2．关系表达式

关系表达式的一般形式如下：

```
表达式 关系运算符  表达式
```

以下关系表达式都是合法的。

```
a+b>c-d
x>3/2
'a'+1<c
-i-5*j==k+1
```

编译系统允许出现关系表达式嵌套的情形，例如：

```
a>(b>c)
a!=(c==d)
```

关系表达式的值为真和假，分别用 1 和 0 表示。例如，5>0 成立，故其值为真，用 1 表示；(a=3)>(b=5)不成立，故其值为假，用 0 表示。

【例 4.1】关系运算符和关系表达式的使用。

```
void main()
{
  char c='k';
  int i=1,j=2,k=3;
  float x=3e+5,y=0.85;
  printf("%d,%d\n",'a'+5<c,-i-2*j>=k+1);
  printf("%d,%d\n",1<j<5,x-5.25<=x+y);
  printf("%d,%d\n",i+j+k==-2*j,k==j==i+5);
}
```

运行结果如下：

```
1,0
1,1
0,0
```

程序说明

在本程序中，求出了各种关系表达式的值。字符变量是以它对应的 ASCII 码参与运算的。对于含有多个关系运算符的关系表达式，如 k==j==i+5，根据关系运算符的左结合性，先计算 k==j，该式不成立，其值为 0，再计算 0==i+5，该式也不成立，故整个关系表达式的值为 0。

4.2.2　逻辑运算符和逻辑表达式

项目模块

```
/*
模块编号：4.2
模块名称：成绩合法性判断模块
模块描述：接收学生成绩，判断是否在 0～100 分之间。返回 1 表示成绩合法，否则表示成绩非法
*/
#define MIN   0
#define MAX  100
int ×××(int score)                          /*score 代表学生成绩*/
{
   int s;
   if (s <=MAX && s >= MIN)               /*使用逻辑运算符表示代数式 MAX≥s≥MIN*/
      return 1;
   else
      return 0;
}
```

C 语言中有三种逻辑运算符，分别为&&（与）、||（或）、!（非）。

与运算符“&&”和或运算符“||”均为双目运算符，具有左结合性。非运算符“!”为单目运算符，具有右结合性。逻辑运算符和其他运算符优先级的关系可表示如下：

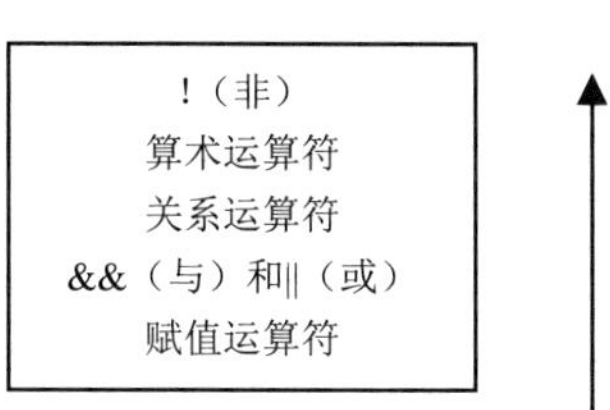

按照运算符的优先级可以得出：

```
a>b && c>d          等价于    (a>b)&&(c>d)
!b==c||d<a          等价于    ((!b)==c)||(d<a)
a+b>c&&x+y<b        等价于    ((a+b)>c)&&((x+y)<b)
```

1．逻辑运算的求值规则

逻辑运算的值也有真和假两种，分别用 1 和 0 表示。其求值规则如下。

（1）与运算（&&）：只有当参与运算的两个量都为真时，结果才为真；否则结果为假。例如：

```
5>0 && 4>2
```

由于 5>0 为真，4>2 也为真，所以相与的结果为真。

（2）或运算（||）：参与运算的两个量只要有一个为真，结果就为真；当两个量都为假时，结果也为假。例如：

```
5>0||5>8
```

由于 5>0 为真，所以相或的结果为真。

（3）非运算（!）：当参与运算的量为真时，结果为假；当参与运算的量为假时，结果为真。例如：

```
!(5>0)
```

上述非运算的结果为假。

编译系统在给出逻辑运算的值时，以 1 代表真，以 0 代表假；而在判断一个量是真还是假时，以 0 代表假，以非 0 的数值代表真。例如，由于 5 和 3 均为非 0 的数值，因此 5&&3 的值为真，用 1 表示。又如，5||0 的值为真，用 1 表示。

2．逻辑表达式

逻辑表达式的一般形式如下：

```
表达式  逻辑运算符  表达式
```

其中的表达式也可以是逻辑表达式，从而构成逻辑表达式嵌套的情形。

例如：

```
(a&&b)&&c
```

根据逻辑运算符的左结合性，上式也可写为如下形式：

```
a&&b&&c
```

逻辑表达式的值是式中各种逻辑运算的最后值，以 1 代表真，以 0 代表假。

【例 4.2】 逻辑运算符和逻辑表达式的使用。

```
void main()
{
    char c='k';
    int i=1,j=2,k=3;
    float x=3e+5,y=0.85;
    printf("%d,%d\n",!x*!y,!!!x);
    printf("%d,%d\n",x||i&&j-3,i<j&&x<y);
```

```
    printf("%d,%d\n",i==5&&c&&(j=8),x+y||i+j+k);
}
```

运行结果如下：

```
0,0
1,0
0,1
```

程序说明

在本程序中，由于!x 和!y 的值都为 0，!x*!y 的值也为 0，故其输出值为 0。由于 x 的值为非 0 的数值，故!!!x 的值为 0。对于式 x||i&&j-3，先计算 j-3 的值为非 0 的数值，再计算 i && j-3 的值为 1，故整个表达式的值为 1。对于式 i<j&&x<y，由于 i<j 的值为 1，而 x<y 的值为 0，故整个表达式的值为 0。对于式 i==5&&c&&(j=8)，由于 i==5 的值为 0，且整个表达式由两个与运算组成，故整个表达式的值为 0。对于式 x+ y||i+j+k，由于 x+y 的值为非 0 的数值，故整个表达式的值为 1。

4.3　查询统计子系统控制选择结构知识基础

4.3.1　if 语句

项目模块

```
/*
模块编号：4.3
模块名称：统计不及格人数模块
模块描述：接收班级每个学生的成绩，统计不及格人数并返回
*/
int ×××(int score[ ], int num)/*score 用来存放学生的某门课程成绩，num 代表班级人数*/
{
int c = 0;                              /*c 用来记录不及格人数*/
int i;
for (i=0 ; i < num ;i++)
if (score[i] < 60)                      /*判断成绩是否小于 60 分*/
    c++;
    return c;
}
```

使用 if 语句可以构成分支结构。if 语句根据给定的条件进行判断，以决定执行哪个分支程序段。

1. if 语句的三种形式

项目模块

```
/*
模块编号：4.4
模块名称：统计及格率模块
模块描述：接收班级每个学生的成绩，统计及格率并返回
*/
```

```
    float ×××(float score[ ], int num)/*score用来存放学生的某门课程成绩，num代表班级人数*/
    {
    int c = 0;                                /*c用来记录不及格人数*/
    int i;
    for (i=0 ; i < num ;i++)
      if (score[i] < 60)                      /*判断成绩是否小于60分*/
          c++;
    return (num-c)/num;
    }
```

（1）if语句的第一种形式为基本形式，如下所示：

```
if(表达式) 语句;
```

其含义是：如果表达式的值为真，则执行其后的语句；否则不执行该语句。

单分支结构图如图4.2所示。

在模块4.4中，首先利用if语句判断学生成绩是否小于60分，然后记录不及格人数，最后用班级人数减去不及格人数得到及格人数，进而求出及格率。

项目模块

```
/*
模块编号：4.5
模块名称：成绩比较模块
模块描述：接收两个学生的成绩，输出分数较高的成绩
*/
void ×××(float s1, float s2)/*s1、s2分别代表两个学生的成绩*/
{
  if (s1 >= s2)
        printf ("成绩高的是%f.2",s1);
  else
        printf ("成绩高的是%f.2",s2);
}
```

（2）if语句的第二种形式为if-else形式，如下所示：

```
if(表达式)
    语句1;
else
    语句2;
```

其含义是：如果表达式的值为真，则执行语句1；否则执行语句2。

双分支结构图如图4.3所示。

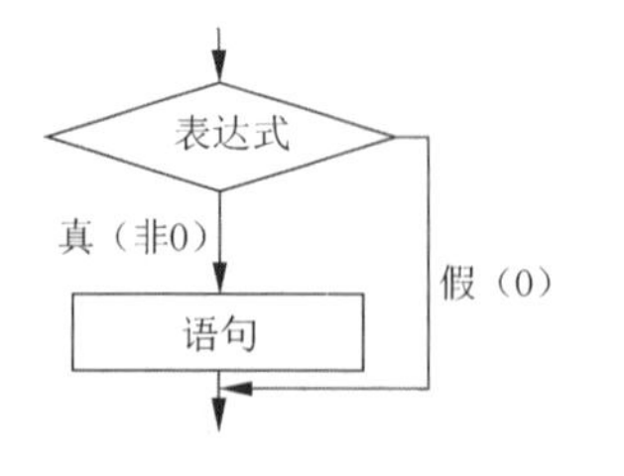

图4.2　单分支结构图

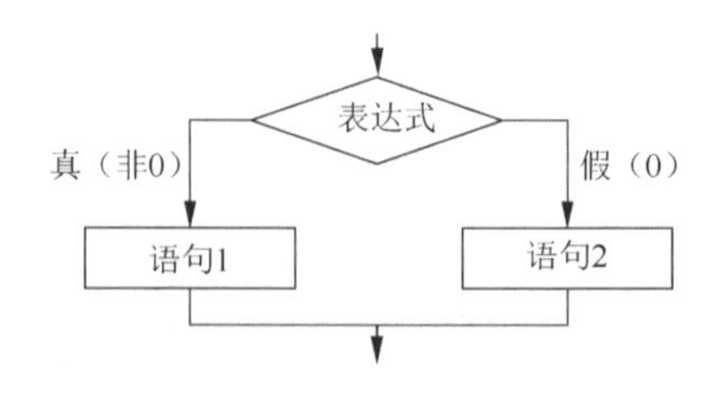

图4.3　双分支结构图

项目模块

```
/*
模块编号：4.6
模块名称：统计各区间人数模块
模块描述：接收班级每个学生的成绩，统计各区间人数并输出到显示屏幕终端
*/
void ×××(float score[ ], int num)/*score 用来存放学生的某门课程成绩，num 代表班级人数*/
{
int a,b,c,d,e;/*a、b、c、d、e 分别用来记录成绩在 90~100 分、80~89 分、70~79 分、60~69 分、
0~59 分区间内的人数*/
int i;
for (i=0 ; i < num ;i++)
  if (score[i] < 60)                /*判断成绩是否小于 60 分*/
        e++;
  else if (score[i]<70)
        d++;
  else if (score[i]<80)
        c++;
  else if (score[i]<90)
        b++;
  else
        a++;
        printf ("90~100\t%d\n80~89\t%d\n70~79\t%d\n60~69\t%d\n0~59\t%d\n",a,
b,c,d,e);
}
```

（3）前两种形式的 if 语句一般用于有两个分支的情况。当遇到多重分支时，可以采用 if-else-if 形式，如下所示：

```
if(表达式 1)
    语句 1;
else  if(表达式 2)
    语句 2;
……
else  if(表达式 m)
    语句 m;
else
    语句 n;
```

其含义是：依次判断表达式的值，当遇到某个表达式的值为真时，执行其对应的语句，然后跳到整个 if 语句之外继续执行程序；如果所有表达式的值均为假，则执行语句 n，然后继续执行后续程序。

多重分支结构图如图 4.4 所示。

【例 4.3】 多重分支结构的使用。

```
void main()
{
    int a,b;
    printf("please input A,B:      ");
```

```
    scanf("%d%d",&a,&b);
    if(a==b) printf("A=B\n");
    else if(a>b)  printf("A>B\n");
    else  printf("A<B\n");
}
```

运行结果如下：

```
please input A,B:      1,2
A<B
```

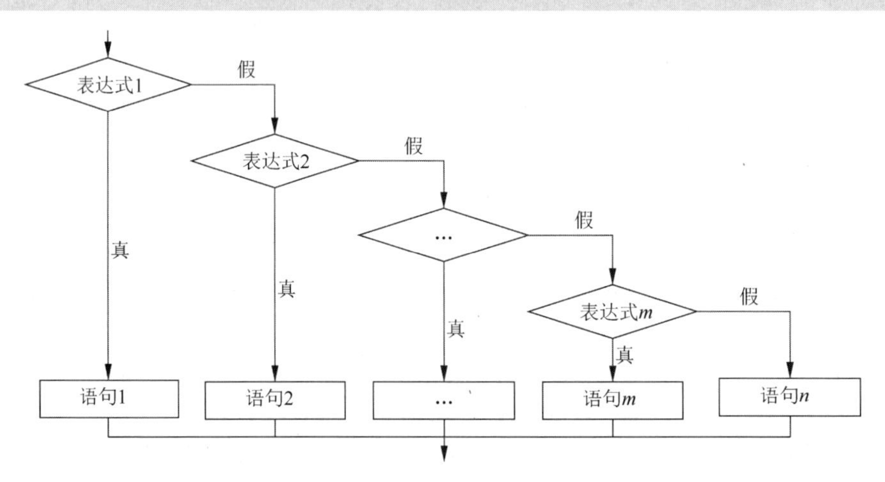

图 4.4　多重分支结构图

在使用 if 语句时，应注意以下几点。

（1）在 if 语句的三种形式中，if 关键字之后均为表达式，该表达式通常是逻辑表达式或关系表达式，也可以是其他表达式，如赋值表达式等，甚至可以是一个变量。

例如，下述 if 语句都是合法的，只要表达式的值为非 0 的数值即可。

```
if(a=5) 语句;
if(b) 语句;
```

又如，在下述 if 语句中，因为表达式的值永远为非 0 的数值，所以其后的语句总是要被执行的。当然，这种情况在程序中不一定会出现，但在语法上是合法的。

```
if(a=5)……;
```

来看一个程序段，如下所示：

```
if(a=b)
    printf("%d",a);
 else
    printf("a=0");
```

本程序段的含义是：把 b 值赋予变量 a，如果 b 值为非 0 的数值，则输出该值；否则输出“a=0”。这种用法在 C 程序中是经常出现的。

（2）在 if 语句中，条件判断表达式必须用圆括号括起来，在语句之后必须加分号。

（3）在 if 语句的三种形式中，所有语句应为单条语句。要想在满足条件时执行一组（多条）语句，必须把这组语句用花括号“{}”括起来组成一条复合语句。但要注意的是，在“}”之后不能再加分号。

例如：

```
if(a>b)
    {a++;  b++;}
else
    {a=0;  b=10;}
```

2. if 语句的嵌套

当 if 语句中的执行语句也是 if 语句时，就构成了 if 语句嵌套的情形。

if 语句嵌套的一般形式如下：

```
if(表达式)
    if 语句;
```

也可以写为如下形式：

```
if(表达式)
    if 语句;
else
    if 语句;
```

嵌套内的 if 语句可能也是 if-else 形式的，这将会出现多个 if 和多个 else 重叠的情况，这时要特别注意 if 和 else 的配对问题。

例如：

```
if(表达式 1)
    if(表达式 2)
        语句 1;
    else
        语句 2;
```

其中的 else 究竟是与“if(表达式 1)”配对，还是与“if(表达式 2)”配对？

为了避免这种二义性，C 语言规定，else 总是与它前面最近的 if（没有 else 与之配对时）配对，因此，对上述例子应按 else 与“if(表达式 2)”配对的情况理解。

【例 4.4】使用 if 语句的嵌套结构。

```
void main()
{
    int a,b;
    printf("please input A,B:    ");
    scanf("%d%d",&a,&b);
    if(a!=b)
        if(a>b)
            printf("A>B\n");
        else
            printf("A<B\n");
    else
        printf("A=B\n");
}
```

运行结果如下：

```
please input A,B:    1,2
A<B
```

程序说明

本程序的功能是比较两个数的大小关系。

在本程序中使用了 if 语句的嵌套结构。采用嵌套结构实际上是为了进行多重分支选择。本程序中有三种选择，即 A>B、A<B 和 A=B。遇到这种问题时，也可以用 if-else-if 语句解决，而且程序结构更加清晰。因此，在一般情况下，我们较少使用 if 语句的嵌套结构，以使程序更便于阅读理解。

3. 条件运算符和条件表达式

如果在条件语句中只执行单个赋值语句，则可使用条件表达式来实现。这样做不但可以使程序更加简洁，而且可以提高程序的运行效率。

条件运算符由问号“?”和冒号“:”组成。条件运算符是一个三目运算符，即有三个参与运算的量。

条件表达式的一般形式如下：

```
表达式1?表达式2:表达式3
```

其求值规则为：如果表达式 1 的值为真，则以表达式 2 的值作为整个条件表达式的值；否则以表达式 3 的值作为整个条件表达式的值。

条件表达式通常被用于赋值语句中。

例如：

```
if(a>b)  max=a;
   else max=b;
```

可用条件表达式将上述语句改写为如下形式：

```
max=(a>b)?a:b;
```

其含义是：如果 a>b 为真，则把 a 赋予 max；否则把 b 赋予 max。

在使用条件运算符和条件表达式时，应注意以下几点。

（1）条件运算符的优先级低于关系运算符和算术运算符的优先级，但高于赋值运算符的优先级。

例如：

```
max=(a>b)?a:b
```

上述语句可以去掉括号而写为如下形式：

```
max=a>b?a:b
```

（2）条件运算符?和:是一对运算符，不能分开单独使用。

（3）条件运算符的结合性为自右至左。

例如：

```
a>b?a:c>d?c:d
```

上述语句应理解为如下形式：

```
a>b?a:(c>d?c:d)
```

这就是条件表达式嵌套的情形，即其中的表达式 3 也是一个条件表达式。

【例 4.5】条件运算符和条件表达式的使用。

```
void main()
{
    int a,b,max;
    printf("input two numbers:   ");
    scanf("%d%d",&a,&b);
    printf("max=%d",a>b?a:b);
}
```

运行结果如下：

```
input two numbers:   1,2
max=8
```

4.3.2 switch 语句

项目模块

```
/*
模块编号：4.7
模块名称：查询方式选择模块
模块描述：接收查询菜单的选择，调用不同的查询函数
*/
void query_menu(   )
{
int k=1;
printf("\t\t\t 请选择查询方式? \n");
printf("\t 1.按照学号查询\t\t2.按照姓名查询\n");
printf("\t 3.按照班级查询\t\t4.退出\n");
while (k)
{
scanf("%d",&k);
switch(k)
{
        case 1:num_query();k=0;break;
        case 2:name_query();k=0;break;
        case 3:class_query();k=0;break;
        case 4:k=0;break;
        default:printf("输入错误，请重新输入! \n");k=1;
}
}
}
```

当我们需要对不同情况进行表述时，除了 if 语句，C 语言还提供了一种用于多重分支选择的 switch 语句，其一般形式如下：

```
switch(表达式){
    case 常量表达式 1:  语句 1;
    case 常量表达式 2:  语句 2;
```

```
    ......
    case 常量表达式 n:  语句 n;
    default        :  语句 n+1;
    }
```

其含义是：计算表达式的值，并逐个与其后的常量表达式的值进行比较，当表达式的值与某个常量表达式的值相等时，执行该常量表达式后面的语句，之后不再进行判断，继续执行后面所有的 case 子句。如果表达式的值与所有 case 后面的常量表达式的值均不相等，则执行 default 子句。

【例 4.6】switch 语句的使用。

```
void main()
{
    int a;
    printf("input integer number:      ");
    scanf("%d",&a);
    switch (a){
    case 1:printf("Monday\n");
    case 2:printf("Tuesday\n");
    case 3:printf("Wednesday\n");
    case 4:printf("Thursday\n");
    case 5:printf("Friday\n");
    case 6:printf("Saturday\n");
    case 7:printf("Sunday\n");
    default:printf("error\n");
    }
}
```

运行结果如下：

```
input integer number:      3
Wednesday
Thursday
Friday
Saturday
Sunday
error
```

程序说明

本程序要求输入一个数字，输出一个英文单词。但是，当我们输入 3 之后，却执行了 case 3 及后面的所有语句，输出了 Wednesday 及后面的所有英文单词。这当然不是我们想要的结果，但恰恰反映了 switch 语句的一个特点。在 switch 语句中，“case 常量表达式”只相当于一条语句的标号，如果表达式的值和某标号相等，则转向该标号对应的语句执行，但不能在执行完该标号对应的语句后自动跳出整个 switch 语句，因而出现了继续执行后面所有 case 子句的情况。这与前面介绍的 if 语句完全不同，大家应特别注意。为了避免上述情况的出现，C 语言还提供了一种 break 语句，专门用于跳出 switch 语句。break 语句中只有关键字 break，没有参数。修改本程序，在每条 case 子句之后添加 break 语句，使得系统每次执行 case 子句之后均可跳出

switch 语句，从而避免输出不应有的结果。

【例 4.7】在每条 case 子句之后添加 break 语句。

```
void main()
{
    int a;
    printf("input integer number:    ");
    scanf("%d",&a);
    switch (a){
      case 1:printf("Monday\n");break;
      case 2:printf("Tuesday\n"); break;
      case 3:printf("Wednesday\n");break;
      case 4:printf("Thursday\n");break;
      case 5:printf("Friday\n");break;
      case 6:printf("Saturday\n");break;
      case 7:printf("Sunday\n");break;
      default:printf("error\n");
    }
}
```

运行结果如下：

```
input integer number:    3
Wednesday
```

在使用 switch 语句时，应注意以下几点。

（1）case 后面的各常量表达式的值不能相同，否则会出现错误。

（2）case 后面允许有多条语句，而无须用花括号“{}”将这些语句括起来。

（3）各 case 和 default 子句的先后顺序可以变动，这并不会影响程序的运行结果。

（4）可以省略 default 子句。

【例 4.8】输入三个整数，输出最大数和最小数。

```
void main()
{
    int a,b,c,max,min;
    printf("input three numbers:    ");
    scanf("%d%d%d",&a,&b,&c);
    if(a>b)
      {max=a;min=b;}
    else
      {max=b;min=a;}
    if(max<c)
      max=c;
    else
      if(min>c)
         min=c;
    printf("max=%d\nmin=%d",max,min);
}
```

运行结果如下：

```
input three numbers:   1 2 3
max=3
min=1
```

程序说明

在本程序中，首先比较 a、b 值的大小，并把较大的数赋予 max，把较小的数赋予 min。然后将 max、min 值与 c 值相比较，如果 max 值小于 c 值，则把 c 值赋予 max；如果 c 值小于 min 值，则把 c 值赋予 min。因此，max 内总是最大数，而 min 内总是最小数。最后输出 max、min 值。

【例 4.9】输入运算数和运算符，输出运算结果。

```
void main()
{
    float a,b;
    char c;
    printf("input expression: a+(-,*,/)b \n");
    scanf("%f%c%f",&a,&c,&b);
    switch(c){
       case '+': printf("%f\n",a+b);break;
       case '-': printf("%f\n",a-b);break;
       case '*': printf("%f\n",a*b);break;
       case '/': printf("%f\n",a/b);break;
       default: printf("input error\n");
    }
}
```

运行结果如下：

```
input expression: a+(-,*,/)b
2-3
-1.000000
```

程序说明

本程序可用于四则运算求值。其中的 switch 语句用于判断运算符的类型，并输出对应的运算结果。当我们输入的运算符不是+、-、*、/时，将给出错误提示。

4.4 查询统计子系统控制循环结构知识基础

项目模块

```
/*
模块编号：4.8
模块名称：统计及格人数模块
模块描述：接收班级每个学生的成绩，统计及格人数并返回
*/
int ×××(int score[ ], int num)/*score 用来存放学生的某门课程成绩，num 代表班级人数*/
{
int c = 0;                              /*c 用来记录及格人数*/
```

```
int i;
for (i=0 ; i < num ;i++)
  if (score[i] ) >= 60)                    /*判断成绩是否大于或等于 60 分*/
        c++;
return c;
}
```

在模块 4.8 中，我们反复将成绩和 60 分进行比较，这种重复性的工作可以使用循环结构来完成。

循环结构是 C 程序中一种很重要的结构，其特点是，当给定的条件成立时，反复执行某程序段，直到条件不成立为止。给定的条件被称为循环条件，反复执行的程序段被称为循环体。C 语言提供了多种循环语句，可以构成不同形式的循环结构。

（1）用 goto 语句构成循环结构。

（2）用 while 语句构成循环结构。

（3）用 do-while 语句构成循环结构。

（4）用 for 语句构成循环结构。

4.4.1　goto 语句

goto 语句是一种无条件转向语句，与 BASIC 语言中的 goto 语句相似。goto 语句的一般形式如下：

```
goto  语句标号;
```

其中，语句标号是一个有效的标识符，这个标识符加上一个冒号“:”一起出现在函数内某处。执行 goto 语句后，程序将跳转到语句标号处并执行其后的语句。另外，语句标号必须与 goto 语句同处于一个函数中，但可以不在一个循环层中。通常 goto 语句和 if 语句连用，当满足某一条件时，程序将跳转到语句标号处运行。

我们通常不使用 goto 语句，主要是因为它将导致程序层次不清且不易读。但在退出多层嵌套时，使用 goto 语句则比较合理。

【例 4.10】 使用 goto 语句和 if 语句构成循环结构，求 $\sum_{n=1}^{100} n$ 的值。

```
void main()
{
        int i,sum=0;
        i=1;
loop:    if(i<=100)
          {sum=sum+i;
           i++;
           goto loop;}
         printf("%d\n",sum);
}
```

运行结果如下：

```
5050
```

4.4.2 while 语句

项目模块

```
/*
模块编号：4.9
模块名称：统计班级总分模块
模块描述：接收班级每个学生的成绩，统计班级总分并返回
*/
float ×××(float score[ ], int num)      /*score用来存放学生的某门课程成绩,num代表班级人数*/
{
int i=0;
float sum = 0;                           /*用来统计班级总分*/
while (i<num)
{
  sum=sum+score[i];
  i++;
}
  return sum;
}
```

while 语句的一般形式如下：

```
while(表达式)语句;
```

其中，表达式是循环条件，语句是循环体。

while 语句的含义是：计算表达式的值，当值为真（非 0）时，执行循环体语句。while 循环结构图如图 4.5 所示。

【例 4.11】 使用 while 语句求 $\sum_{n=1}^{100} n$ 的值。

分别使用程序流程图和 N-S 图来表示算法，如图 4.6 和图 4.7 所示。

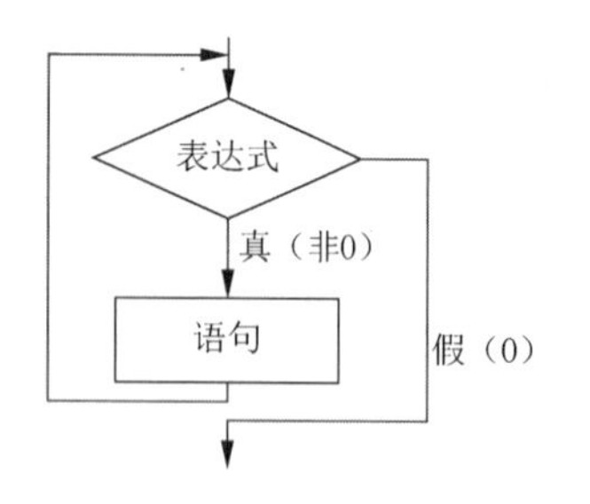

图 4.5　while 循环结构图

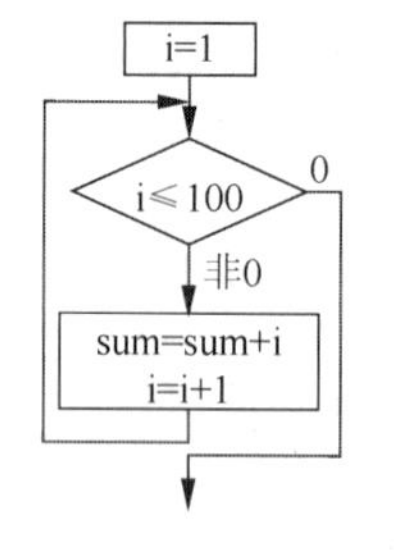

图 4.6　例 4.11 的程序流程图

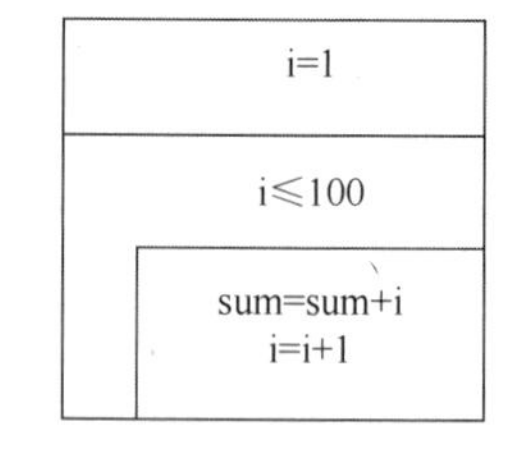

图 4.7　例 4.11 的 N-S 图

```
void main()
{
   int i,sum=0;
   i=1;
   while(i<=100)
   {
```

```
    sum=sum+i;
    i++;
  }
  printf("%d\n",sum);
}
```

运行结果如下：

```
5050
```

【例 4.12】统计通过键盘输入的字符个数。

```
void main()
{
    int n=0;
    printf("input a string:\n");
    while(getchar()!='\n') n++;
    printf("%d",n);
}
```

运行结果如下：

```
input a string:
abcd
4
```

程序说明

在本程序中，循环条件为 getchar()!='\n'，其含义是，只要通过键盘输入的字符不是回车符，就继续循环；循环体为 n++，负责完成对输入字符的个数统计。

应注意，while 语句中的表达式一般是关系表达式或逻辑表达式，只要表达式的值为真（非 0），就可以继续循环。

【例 4.13】循环输出表达式的值。

```
void main()
{
    int a=0,n;
    printf("\n input n:    ");
    scanf("%d",&n);
    while (n--)
      printf("%d  ",a++*2);
}
```

运行结果如下：

```
input n:    3
0  2  4
```

程序说明

本程序将执行 n 次循环，每执行一次循环，n 值就减 1。循环体用于输出表达式 a++*2 的值，该表达式等效于(a*2;a++)。

如果在循环体中有一条以上的语句，则必须用花括号“{}”把它们括起来，构成复合语句。

4.4.3 do-while 语句

do-while 语句的一般形式如下：

```
do
    语句;
while(表达式);
```

do-while 循环与 while 循环的不同之处在于，它先执行循环中的语句，再判断表达式的值是否为真，如果为真，则继续循环，否则终止循环。因此，do-while 循环至少要执行一次循环中的语句。do-while 循环结构图如图 4.8 所示。

【例 4.14】 使用 do-while 语句求 $\sum_{n=1}^{100} n$ 的值。

分别使用程序流程图和 N-S 图来表示算法，如图 4.9 和图 4.10 所示。

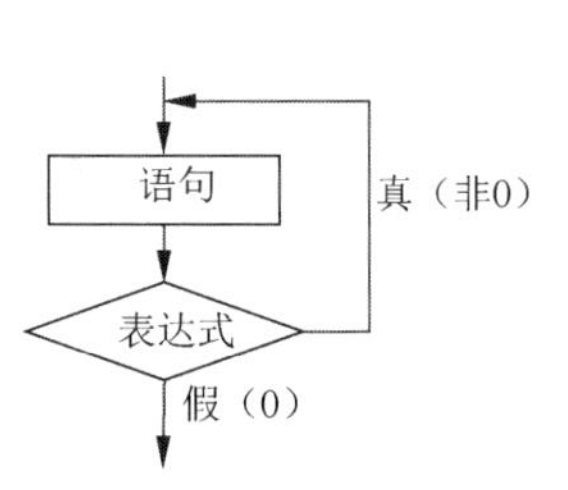

图 4.8　do-while 循环结构图

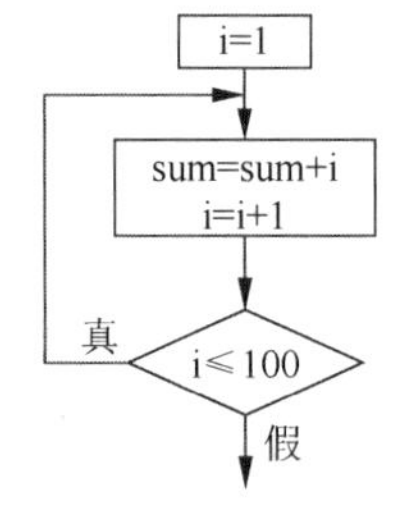

图 4.9　例 4.14 的程序流程图

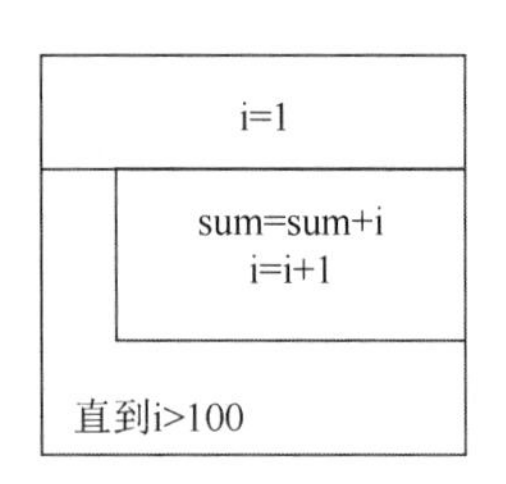

图 4.10　例 4.14 的 N-S 图

```
void main()
{
    int i,sum=0;
    i=1;
    do{
        sum=sum+i;
        i++;
    }while(i<=100);
    printf("%d\n",sum);
}
```

运行结果如下：

```
5050
```

注意：当有许多语句参与循环时，需要用花括号“{}”把它们括起来。

【例 4.15】 while 循环和 do-while 循环对比。

while 循环：

```
void main()
{
    int sum=0,i;
    scanf("%d",&i);
    while(i<=10)
    {  sum=sum+i;
       i++;
```

```
    }
    printf("sum=%d",sum);
}
```

假设输入“10<回车>”，则运行结果如下：

```
sum=10
```

do-while 循环：

```
void main()
{
    int sum=0,i;
    scanf("%d",&i);
    do{
        sum=sum+i;
        i++;
    }while(i<=10);
    printf("sum=%d",sum);
}
```

假设输入“10<回车>”，则运行结果如下：

```
sum=10
```

4.4.4　for 语句

在 C 语言中，for 语句的使用最为灵活，完全可以取代 while 语句。for 语句的一般形式如下：

```
for(表达式 1;表达式 2;表达式 3) 语句;
```

for 语句的执行过程如下：

（1）求解表达式 1。

（2）求解表达式 2，若其值为真（非 0），则执行 for 语句中指定的内嵌语句，之后执行第（3）步；若其值为假（0），则结束循环，跳转到第（5）步。

（3）求解表达式 3。

（4）跳转回第（2）步继续执行。

（5）结束循环，执行 for 语句的下一条语句。

for 循环结构图如图 4.11 所示。

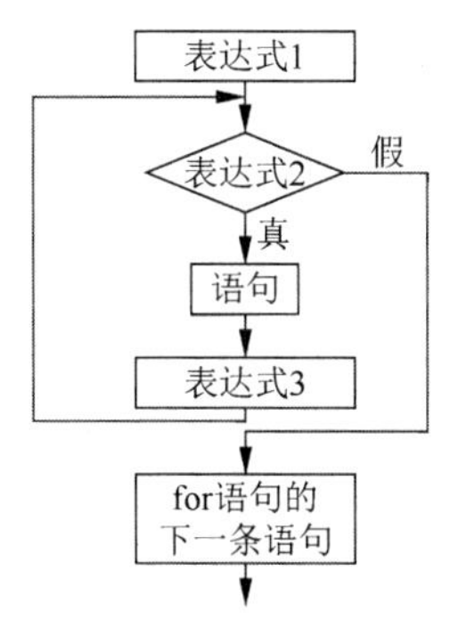

图 4.11　for 循环结构图

for 语句最简单也是最容易理解的应用形式如下：

```
for(循环变量赋初值;循环条件;循环变量增量) 语句;
```

其中，循环变量赋初值总是一条赋值语句，用来给循环变量赋初值；循环条件是一个关系表达式，用来决定什么时候退出循环；循环变量增量用来定义每循环一次后循环变量按什么方式变化。这三部分内容用分号“;”分隔。

例如：

```
for(i=1; i<=100; i++)sum=sum+i;
```

上述语句的含义是：先给 i 赋初值 1，判断 i 是否小于或等于 100，如果条件为真，则执行语句 sum=sum+i，之后 i 值增加 1；再重新判断，直到条件为假，即 i>100 时，结束循环。

上述语句相当于如下形式：

```
i=1;
while (i<=100)
{ sum=sum+i;
  i++;
}
```

for 语句的一般形式相当于如下形式的 while 语句：

```
表达式 1;
while(表达式 2)
{
    表达式 3;
}
```

注意：

（1）for 语句中的“表达式 1（循环变量赋初值）”、“表达式 2（循环条件）”和“表达式 3（循环变量增量）”都是选择项，即可以省略，但不能省略分号“;”。

（2）省略“表达式 1（循环变量赋初值）”，表示不给循环变量赋初值。

（3）省略“表达式 2（循环条件）”，表示不做其他处理时便成为死循环。

例如：

```
for(i=1;;i++)  sum=sum+i;
```

上述 for 语句相当于如下形式的 while 语句：

```
i=1;
while(1)
{sum=sum+i;
 i++;}
```

（4）省略“表达式 3（循环变量增量）”，表示不对循环变量进行操作，这时可在循环体中加入修改循环变量的语句。

例如：

```
for(i=1;i<=100;)
{sum=sum+i;  i++;}
```

（5）可同时省略“表达式 1（循环变量赋初值）”和“表达式 3（循环变量增量）”。

例如：

```
for(;i<=100;)
{sum=sum+i;  i++;}
```

上述 for 语句相当于如下形式的 while 语句：

```
while(i<=100)
{sum=sum+i;  i++;}
```

（6）可以同时省略三个表达式。

例如：

```
for(;;);
```

上述 for 语句相当于如下形式的 while 语句：

```
while(1);
```

（7）“表达式 1”既可以是给循环变量赋初值的赋值表达式，也可以是其他表达式。

例如：

```
for(sum=0;i<=100;i++) sum=sum+i;
```

（8）“表达式 1”和“表达式 3”既可以是简单表达式，也可以是逗号表达式。

例如：

```
for(sum=0,i=1;i<=100;i++) sum=sum+i;
```

又如：

```
for(i=0,j=100;i<=100;i++,j--) k=i+j;
```

（9）“表达式 2”一般是关系表达式或逻辑表达式，也可以是数值表达式或字符表达式，只要其值为非 0 的数值，就执行循环体。

例如：

```
for(i=0;(c=getchar())!='\n';i+=c);
```

又如：

```
for(;(c=getchar())!='\n';)
   printf("%c",c);
```

当需要多个 for 语句同时操作时，会产生循环嵌套。

【例 4.16】 for 循环的使用。

```
void main()
{
   int i, j, k;
   printf("i j k\n");
   for (i=0; i<2; i++)
      for(j=0; j<2; j++)
         for(k=0; k<2; k++)
            printf("%d %d %d\n", i, j, k);
}
```

运行结果如下：

```
i j k
0 0 0
0 0 1
0 1 0
0 1 1
1 0 0
1 0 1
1 1 0
1 1 1
```

4.4.5　4 种循环的比较

（1）4 种循环都可以用来处理同一个问题，一般可以互相代替，但一般不提倡使用 goto 循环。

（2）while 循环和 do-while 循环的循环体中应包括使循环趋于结束的语句。

（3）for 循环的功能最强。

（4）在使用 while 循环和 do-while 循环时，循环变量初始化的操作应在 while 和 do-while 语句之前完成，而 for 循环可以在“表达式 1”中实现循环变量初始化。

4.4.6　break 语句和 continue 语句

1．break 语句

break 语句通常被用在循环语句和 switch 语句中。当 break 语句被用在 switch 语句中时，可使程序跳出 switch 语句而执行 switch 语句之后的语句。

当 break 语句被用在 do-while、for、while 循环中时，可使程序终止循环而执行循环后面的语句。通常 break 语句与 if 条件语句一起使用，可使程序在满足条件时跳出循环。

break 语句被用在 while 循环中的一般形式如下：

```
while(表达式 1)
    { ……
      if(表达式 2) break;
      ……
}
```

【例 4.17】 break 语句被用在 while 循环中。

```
main()
{
    int i=0;
    char c;
    while(1){                              /*设置循环*/
        c='\0';                            /*给变量赋初值*/
        while(c!=13&&c!=27){               /*通过键盘输入字符，直到按回车键或 Esc 键*/
            c=getch();
            printf("%c\n", c);
        }
```

```
        if(c==27)
            break;                          /*判断，若按 Esc 键则退出循环*/
        i++;
        printf("The No. is %d\n", i);
    }
    printf("The end");
}
```

假设输入“1<回车>2<回车>”并按 Esc 键，则运行结果如下：

```
1
(空行)
The No. is 1
2
(空行)
The No. is 2
(空行)
The end
```

注意：

（1）break 语句对 if-else 条件语句不起作用。

（2）在多层循环中，执行一条 break 语句只能向外跳一层。

2. continue 语句

continue 语句的作用是跳过循环体中剩余的语句而强行执行下一次循环。continue 语句只能被用在 for、while、do-while 等循环中，且常与 if 条件语句一起使用，用来加速循环。

continue 语句被用在 while 循环中的一般形式如下：

```
while(表达式 1)
    { ......
      if(表达式 2)continue;
      ......
}
```

break 语句与 continue 语句的实现方式如图 4.12 所示。

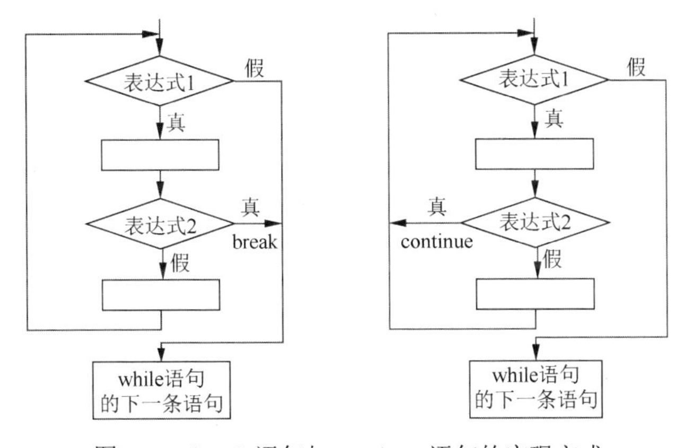

图 4.12　break 语句与 continue 语句的实现方式

【例 4.18】continue 语句被用在 while 循环中。

```
void main()
{
    char c;
    while(c!=13)                        /*若不是回车符，则执行循环*/
    {
        c=getch();
        if(c==0X1B)
        {
            printf("ESC\n");
            continue;                   /*若按 Esc 键不输出，则执行下一次循环*/
        }
        printf("%c\n", c);
    }
}
```

假设按三次 Esc 键和一次回车键，则运行结果如下：

```
ESC
ESC
ESC
<回车>
```

4.5 查询统计子系统的编码设计和编码实现

本节对查询统计子系统进行编码设计和编码实现。查询统计子系统主要用于针对学生、班级、课程等基本信息进行查询，对成绩按照不同的需求进行查询，以及根据需要实现各项统计功能。

我们首先给出查询统计子系统的概要设计文档，然后依据每个模块的详细设计说明书进行编码。

1．学生信息查询模块

模块名称：学生信息查询模块。

模块描述：接收学生的查询信息，输出查找结果。

输入项：学号。

输出项：“找到！”或“没找到！”信息。

学生信息查询模块流程图如图 4.13 所示。

模块编码实现：

```
void inf_query (long Num[ ], int n)
{
    long num;
    int i=0;
    printf ("请输入要查找的学号！\n");
    scanf ("%ld",&num);
    while (i<n)
    {
        if (num == Num[i])
```

```
            break;
        else
            i++;
    }
    if (i!=n)
        printf("找到! \n");
    else
        printf("没找到! \n");
}
```

2. 个人成绩查询模块

模块名称：个人成绩查询模块。

模块描述：接收学生的查询信息，输出查找结果。

输入项：学号。

输出项：该学生对应课程的成绩。

个人成绩查询模块流程图如图 4.14 所示。

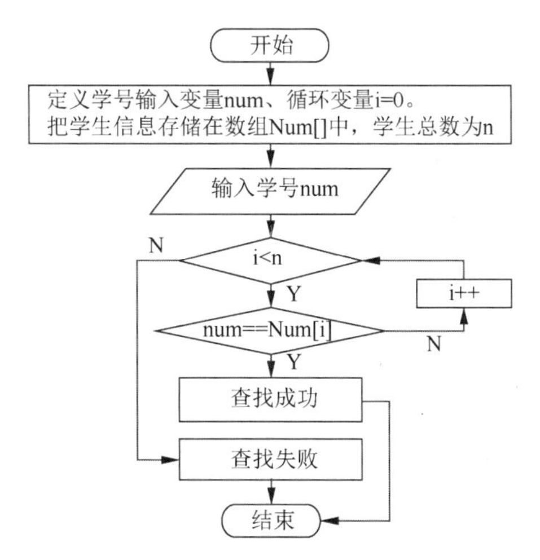

图 4.13　学生信息查询模块流程图

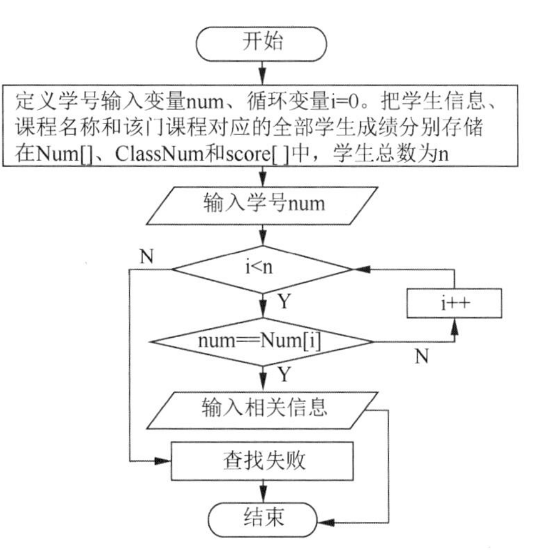

图 4.14　个人成绩查询模块流程图

模块编码实现：

```
void ps_query (long Num[ ], long ClassNum, int score[ ], int n)
{
    long num;
    int i=0;
    printf ("请输入要查找的学号! \n");
    scanf ("%ld",&num);
    while (i<n)
    {
        if (num == Num[i])
        {
            printf("学号为%ld 的学生的课程%ld 的成绩是: %d",Num[i],ClassNum,score[i]);
            break;
        }
```

```
        else
            i++;
    }
    if (i==n)
        printf("没找到学号为%ld 的学生的课程%ld 的成绩！\n",Num[i],ClassNum);
}
```

4.6 小结

为了实现查询统计子系统，本章首先介绍了关系运算符和关系表达式、逻辑运算符和逻辑表达式的使用，然后详细介绍了支持单条语句查询的分支结构和支持多条语句查询与统计的循环结构，最后给出了查询统计子系统的编码设计和编码实现方法。

第5章

后台管理子系统实现

5.1 后台管理子系统概述

项目概述

图 5.1 所示为后台管理子系统主要功能模块图。在本章中，我们将根据项目设计文档来实现后台管理子系统的主体功能。后台管理子系统主要包括学生信息管理、班级信息管理、课程信息管理、用户管理 4 个模块。

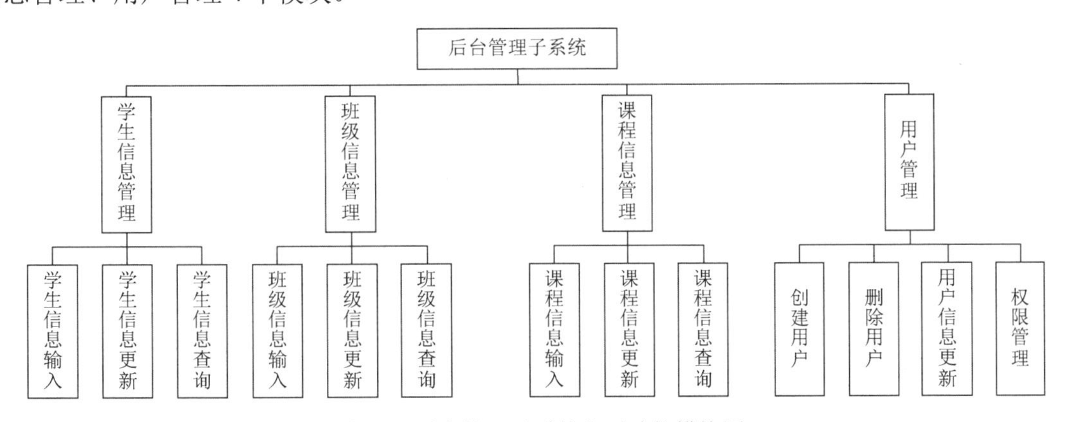

图 5.1　后台管理子系统主要功能模块图

关注点

（1）自定义数据类型。对于复杂的数据，如学生信息、班级信息、课程信息、用户信息，怎样定义合适的数据类型？

（2）存储。对于大量的同类型数据，怎样进行存储？

（3）自定义数据类型变量的读/写。对于自定义数据类型的变量，怎样对其中的数据进行读/写操作？

5.2 后台管理子系统知识基础

5.2.1 一维数组

项目模块

```
/*
```

```
模块编号：5.1
模块名称：学生信息输入模块
模块描述：输入班级第一个学生的学号，然后自动生成其他学生的学号并保存
*/
void information_input(long num[ ], int n)/*num用来存放学生的学号，n代表班级人数*/
{
    int i;
    long number;
    printf ("请输入班级第一位学生的学号\n");
    scanf ("%ld",&number);
    num[0]=number++;
    for (i=1 ; i < num ;i++)
      num[i]= number;
    printf ("输入成功! \n");
}
```

在模块 5.1 中，如何对大量的学号进行保存是我们必须考虑的事情。因为如果用普通变量保存大量的学号，则需要定义大量的变量，这样做是非常麻烦的。在 C 程序设计中，为了方便处理，我们把大量同类型数据按有序的形式组织起来，这些按序排列的同类型数据的集合被称为数组。在 C 语言中，数组属于构造数据类型。一个数组可以分解为多个数组元素，这些数组元素的取值类型可以是任意一种基本数据类型或构造数据类型。因此，根据数组元素的取值类型不同，数组又可以分为数值数组、字符数组、指针数组、结构数组等类别。

1．一维数组的定义和一维数组元素的引用

1）一维数组的定义

在 C 语言中使用数组必须先进行定义。一维数组定义的一般形式如下：

```
类型说明符 数组名[常量表达式];
```

其中，类型说明符用来声明数组的类型，即数组元素的取值类型；数组名是用户定义的数组标识符；方括号中的常量表达式表示数组元素的个数，也被称为数组的长度。

例如：

```
int a[10];              //定义整型数组a，它有10个元素
float b[10],c[20];      //定义浮点型数组b，它有10个元素；定义浮点型数组c，它有20个元素
char ch[20];            //定义字符数组ch，它有20个元素
```

需要注意的是，同一数组中所有元素的数据类型都是相同的。

数组名应符合标识符的命名规则，且数组名不能与其他变量名相同。例如，下述定义变量的方式是错误的。

```
void main()
{
    int a;
    float a[10];
    ......
}
```

方括号中的常量表达式表示数组元素的个数，如 a[5]表示数组 a 有 5 个元素，但是其下标

从 0 开始计算，因此，5 个元素分别为 a[0]、a[1]、a[2]、a[3]、a[4]。不能在方括号中用变量表示数组元素的个数，但是可以用符号常数或常量表达式表示数组元素的个数。

例如，下述定义变量的方式是合法的。

```
#define FD 5
void main()
{
    int a[3+2],b[7+FD];
    ……
}
```

但是，下述定义变量的方式是错误的。

```
void main()
{
    int n=5;
    int a[n];
    ……
}
```

允许在同一个类型声明中定义多个数组和多个变量。例如：

```
int a,b,c,d,k1[10],k2[20];
```

2）一维数组元素的引用

数组元素是组成数组的基本单元。数组元素也是一种变量，其标识方法为数组名后跟一个用方括号包裹的下标，下标表示数组元素在数组中的顺序号。

一维数组元素的一般表示形式如下：

```
数组名[下标]
```

其中，下标只能是整型常量或整型表达式。如果是小数，那么编译系统将对其自动取整。例如，a[5]、a[i+j]、a[i++]都是合法的数组元素。

数组元素也被称为下标变量。我们只有定义了数组，才能引用数组元素。在 C 语言中只能逐个引用数组元素，而不能一次性引用整个数组。

例如，要想输出有 10 个元素的数组，必须使用循环语句逐个输出各数组元素，如下所示：

```
for(i=0; i<10; i++)
    printf("%d",a[i]);
```

而不能使用一条语句输出整个数组，如下所示：

```
printf("%d",a);
```

【例 5.1】 一维数组元素的引用（1）。

```
void main()
{
  int i,a[10];
  for(i=0;i<=9;i++)
      a[i]=i;
  for(i=9;i>=0;i--)
```

```
        printf("%d",a[i]);
}
```

运行结果如下：

```
9 8 7 6 5 4 3 2 1 0
```

【例 5.2】 一维数组元素的引用（2）。

```
void main()
{
  int i,a[10];
  for(i=0;i<10;)
      a[i++]=i;
  for(i=9;i>=0;i--)
      printf("%2d",a[i]);
 }
```

运行结果如下：

```
10 9 8 7 6 5 4 3 2 1
```

2．一维数组的初始化

数组的初始化就是给数组赋值，这项工作是在编译阶段完成的。我们除了用赋值语句给数组元素逐个赋值，还可采用初始化赋值和动态赋值的方法。

1）*初始化赋值*

初始化赋值是指在进行数组定义时给各数组元素赋初值，其一般形式如下：

```
类型说明符 数组名[常量表达式]={值1,值2,…,值n};
```

花括号“{}”中的各值就是各数组元素的初值，它们之间用逗号分隔。

例如：

```
int a[10]={0,1,2,3,4,5,6,7,8,9};
```

上述语句相当于 a[0]=0,a[1]=1,⋯,a[9]=9。

C 语言对数组的初始化赋值还有以下几点规定。

（1）可以只给部分数组元素赋值。当花括号“{}”中值的个数少于数组元素的个数时，只给前面的部分数组元素赋值。

例如：

```
int a[10]={0,1,2,3,4};
```

上述语句表示只给 a[0]～a[4]这 5 个数组元素赋值，而后 5 个数组元素将自动被赋值为 0。

（2）只能逐个给数组元素赋值，而不能给数组整体赋值。

例如，给 10 个数组元素全部赋值为 1，只能写为如下形式：

```
int a[10]={1,1,1,1,1,1,1,1,1,1};
```

而不能写为如下形式：

```
int a[10]=1;
```

（3）如果给全部数组元素赋值，则在数组声明中可以不给出数组元素的个数。

例如：

```
int a[5]={1,2,3,4,5};
```

上述语句可以改写为如下形式：

```
int a[]={1,2,3,4,5};
```

2）动态赋值

动态赋值是指在程序运行过程中给数组元素赋值，这项工作可用循环语句配合 scanf 函数来完成。

【例 5.3】 数组的动态赋值。

```
void main()
{
  int i,max,a[10];
  printf("input 10 numbers:\n");
  for(i=0;i<10;i++)
     scanf("%d",&a[i]);
  max=a[0];
  for(i=1;i<10;i++)
     if(a[i]>max) max=a[i];
  printf("maxmum=%d\n",max);
}
```

假设输入“2 5 4 0 8 1 9 7 6 3”，则运行结果如下：

```
maxmum=9
```

程序说明

在本程序中，第一个 for 语句用于逐个输入 10 个数到数组 a 中，并把 a[0]赋予 max。在第二个 for 语句中，从 a[1]到 a[9]逐个与 max 的值相比较，若比 max 的值大，则把该数组元素赋予 max，因此，max 的值总是已比较的数组元素中的最大者。比较结束后，输出 max 的值。

3. 一维数组应用举例

【例 5.4】 输入 10 个整数，对其进行排序后输出。

```
void main()
{
  int i,j,p,q,s,a[10];
  printf("\n input 10 numbers:\n");
  for(i=0;i<10;i++)
      scanf("%d",&a[i]);
  for(i=0;i<10;i++){
      p=i;q=a[i];
      for(j=i+1;j<10;j++)
          if(q<a[j]) { p=j;q=a[j]; }
      if(i!=p)
        {s=a[i];
         a[i]=a[p];
         a[p]=s; }
      printf("%2d",a[i]);
   }
}
```

假设输入“2 5 4 0 8 1 9 7 6 3”，则运行结果如下：

```
9 8 7 6 5 4 3 2 1 0
```

程序说明

在本程序中，使用了两个并列的 for 语句，在第二个 for 语句中又嵌套了一个 for 语句。第一个 for 语句用于输入 10 个数组元素的初值。第二个 for 语句用于排序。本程序中的排序采用逐个比较的方法进行。在进行第 i 次循环时，把第 i 个数组元素的下标 i 赋予 p，而把该数组元素 a[i]赋予 q。之后进入小循环，从 a[i+1]到最后一个数组元素逐个与 a[i]相比较，若有比 a[i]大者，则把其下标赋予 p，而把该数组元素赋予 q。一次循环结束后，p 值就是最大数组元素的下标，q 值就是该数组元素值。如果 i≠p，则说明 p、q 值均已不是进入小循环之前所赋之值，交换 a[i]和 a[p]的值。此时，a[i]为已完成排序的数组元素，输出该值之后进入下一次循环，对 i+1 以后的各个数组元素进行排序。

项目模块

```
/*
模块编号：5.2
模块名称：学生信息输入模块
模块描述：输入班级每个学生的家庭住址
*/
void ×××(char add[ ][50],int n)/*add用来存放学生的家庭住址*/
{
int i;
printf ("请输入班级每个学生的家庭住址\n");
for (i=1 ; i < n ;i++)
  scanf ("%s",add[i]);
printf ("输入成功! \n");
}
```

在模块 5.2 中，由于每个学生的家庭住址都是一个字符串，因此需要用一个数组来存放。我们要存放整个班级所有学生的家庭住址，就需要用到多个一维数组，这就构成了一个二维数组。

5.2.2 二维数组

1. 二维数组的定义

前面介绍的数组只有一个下标，被称为一维数组，其数组元素也被称为单下标变量。在实际问题中有很多量是二维的或多维的，因此，C 语言允许构造多维数组。多维数组元素有多个下标，以标识它在数组中的位置，所以也被称为多下标变量。本节只介绍二维数组，多维数组可由二维数组类推得到。

二维数组定义的一般形式如下：

```
类型说明符 数组名[常量表达式1][常量表达式2];
```

其中，常量表达式 1 表示数组第一维的长度，常量表达式 2 表示数组第二维的长度。

例如：

```
int a[3][4];
```

上述语句定义了一个 3 行 4 列的数组，数组名为 a，其数组元素的类型为整型。该数组共有 3×4 个数组元素，即：

a[0][0] a[0][1] a[0][2] a[0][3]

a[1][0] a[1][1] a[1][2] a[1][3]

a[2][0] a[2][1] a[2][2] a[2][3]

二维数组在概念上是二维的，也就是说其下标在两个方向上变化；数组元素在数组中的位置也处于一个平面之中，而不像一维数组那样只是一个向量。但是，实际的硬件存储器却是连续编址的，也就是说存储器单元是按一维线性排列的。如何在一维存储器中存放二维数组呢？有两种方式：一种方式是按行排列，即放完一行之后顺次放入第二行；另一种方式是按列排列，即放完一列之后顺次放入第二列。在 C 语言中，二维数组是按行排列的，即先存放 a[0]行，再存放 a[1]行，最后存放 a[2]行。每行中的 4 个数组元素也是顺次存放的。由于数组 a 被声明为 int 类型，该类型占用 2 字节的内存单元，所以每个数组元素均占用 2 字节的内存单元。

2. 二维数组元素的引用

二维数组元素也被称为双下标变量，其一般表示形式如下：

```
数组名[下标 1][下标 2]
```

其中，下标应为整型常量或整型表达式。例如，a[3][4]表示数组 a 中第 3 行第 4 列的元素。

虽然数组定义和数组元素在形式上有些相似，但两者具有完全不同的含义。数组定义的方括号中给出的是某一维的长度，即可取下标的最大值；而数组元素中的下标是该元素在数组中的位置标识。前者只能是符号常数或常量表达式，而后者可以是常量、变量或表达式。

【例 5.5】一个学习小组中有 5 个学生，每个学生有 3 门课程的成绩，如表 5.1 所示。求全组各门课程的平均成绩和所有课程的平均成绩。

表 5.1　学生成绩表

课　　程	张	王	李	赵	周
Math	80	61	59	85	76
C	75	65	63	87	77
English	92	71	70	90	85

可设一个二维数组 a[5][3]存放 5 个学生 3 门课程的成绩，设一个一维数组 v[3]存放所求得全组各门课程的平均成绩，设一个变量 average 代表全组所有课程的平均成绩。

```
void main()
{
  int i,j,s=0,average,v[3],a[5][3];
  printf("input score\n");
  for(i=0;i<3;i++)
  {
    for(j=0;j<5;j++)
    {
      scanf("%d",&a[i][j]);
      s=s+a[i][j];
    }
    v[i]=s/5;
```

```
    s=0;
  }
  average =(v[0]+v[1]+v[2])/3;
  printf("Math:%d\nC:%d\nEnglish:%d\n",v[0],v[1],v[2]);
  printf("total:%d\n", average);
}
```

输入 5 个学生 3 门课程的成绩，运行结果如下：

```
input score
80 61 59 85 76
75 65 63 87 77
92 71 70 90 85
Math:72
C:73
English:81
total:75
```

程序说明

在本程序中，使用了一个双重循环。在内循环中依次读取某门课程各个学生的成绩，并把这些成绩累加起来。退出内循环后，把该累加成绩除以 5 并将所得结果赋予 v[i]，即可得到该门课程的平均成绩。外循环共循环 3 次，分别求出 3 门课程各自的平均成绩并存放在数组 v 中。退出外循环后，把 v[0]、v[1]、v[2]相加除以 3，即可得到全组所有课程的平均成绩。最后按题意输出相应的成绩。

3．二维数组的初始化

二维数组的初始化也是在进行数组定义时给各数组元素赋初值。对于二维数组，既可按行分段赋值，也可按行连续赋值。

例如，对于二维数组 a[5][3]，按行分段赋值可写为如下形式：

```
int a[5][3]={ {80,75,92},{61,65,71},{59,63,70},{85,87,90},{76,77,85} };
```

按行连续赋值可写为如下形式：

```
int a[5][3]={80,75,92,61,65,71,59,63,70,85,87,90,76,77,85};
```

这两种赋值方式的结果是完全相同的。

【例 5.6】 计算上面二维数组 a[5][3]中每行的平均值。

```
void main()
{
  int i,j,s=0, average,v[3];
  int a[5][3]={{80,75,92},{61,65,71},{59,63,70},{85,87,90},{76,77,85}};
  for(i=0;i<3;i++)
  {
    for(j=0;j<5;j++)
      s=s+a[j][i];
    v[i]=s/5;
    s=0;
  }
  average=(v[0]+v[1]+v[2])/3;
```

```
    printf("Math:%d\nC:%d\nEnglish:%d\n",v[0],v[1],v[2]);
    printf("total:%d\n", average);
  }
```

运行结果如下：

```
Math:72
C:73
English:81
total:75
```

对于二维数组的初始化，还有以下几点说明。

（1）可以只给部分数组元素赋值，未被赋值的数组元素自动取值为 0。

例如：

```
 int a[3][3]={{1},{2},{3}};
```

上述语句用于给每行的第 1 列数组元素赋值，未被赋值的数组元素自动取值为 0。赋值后各数组元素的值如下：

```
1 0 0
2 0 0
3 0 0
```

又如：

```
int a [3][3]={{0,1},{0,0,2},{3}};
```

赋值后各数组元素的值如下：

```
0 1 0
0 0 2
3 0 0
```

（2）如果给全部数组元素赋值，则数组第一维的长度可以省略。

例如：

```
int a[3][3]={1,2,3,4,5,6,7,8,9};
```

上述语句可以改写为如下形式：

```
int a[][3]={1,2,3,4,5,6,7,8,9};
```

数组是一种构造类型的数据。二维数组可以被视为由一维数组嵌套而成的。设一维数组中的每个数组元素也是一个数组，这样就构成了二维数组。当然，前提是各数组元素的类型必须相同。C 语言允许把一个二维数组分解为多个一维数组。

例如，可以把二维数组 a[3][4]分解为 3 个一维数组，其数组名分别为 a[0]、a[1]、a[2]。对这 3 个一维数组不需要另作声明即可使用。这 3 个一维数组都有 4 个元素，例如，一维数组 a[0]中的数组元素为 a[0][0]、a[0][1]、a[0][2]、a[0][3]。必须强调的一点是，这里的 a[0]、a[1]、a[2]不能被当作下标变量使用，它们是数组名，而不是单纯的下标变量。

项目模块

```
/*
模块编号：5.3
模块名称：学生信息输入模块
模块描述：统计班级的男、女生人数并输出
```

```
*/
void ×××(char sex[ ], int n)/*数组sex用来存放学生的性别信息，n代表班级人数*/
{
    int b , g , i ;
    b=g=0;
    for (i=0 ; i < n ;i++)
    {
        if ( sex[i]=='f')
            b++;
        else
            g++;
    }
    printf ("男生%d人，女生%d人。\n",b,g);
}
```

在模块5.3中，使用数组sex存放学生的性别信息，当sex[i]的值为'f '时，男生人数加1，否则女生人数加1。

5.2.3 字符数组

1．字符数组的定义

用来存放字符型量的数组被称为字符数组。字符数组定义的一般形式与前面介绍的数值数组定义的一般形式相同。

例如：

```
char c[10];
```

由于字符型和整型通用，因此上述数组也可以被定义为“int c[10];”，但这时每个数组元素占用2字节的内存单元。字符数组也可以是二维数组或多维数组。

例如：

```
char c[5][10];
```

上述语句定义的数组就是二维字符数组。

2．字符数组的初始化

C语言允许在定义字符数组时进行初始化赋值。

例如：

```
char c[10]={'c', ' ', 'p', 'r', 'o', 'g', 'r', 'a','m'};
```

赋值后，c[0]的值为'c'；c[1]的值为' '；c[2]的值为'p'；c[3]的值为'r'；c[4]的值为'o'；c[5]的值为'g'；c[6]的值为'r'；c[7]的值为'a'；c[8]的值为'm'；c[9]未被赋值，由系统自动赋值为0。

如果给全部数组元素赋值，则可以省去长度说明。

例如：

```
char c[]={'c', ' ','p','r','o','g','r','a','m'};
```

这时，数组c的长度自动被设定为9。

3．字符数组元素的引用

【例5.7】输出指定二维数组中的数据。

```
void main()
{
  int i,j;
  char a[][4]={{'M','A','T','H'},{'C','L','A','N'}};
  for(i=0;i<=1;i++)
  {
     for(j=0;j<4;j++)
         printf("%c",a[i][j]);
     printf("\n");
   }
}
```

运行结果如下：

```
MATH
CLAN
```

程序说明

本程序中的二维字符数组由于在初始化时已给全部数组元素赋值，因此数组第一维的长度可以省略。

4．字符串和字符串结束标志

C 语言中没有专门的字符串变量，通常用一个字符数组来存放一个字符串。在前面介绍字符串常量时提到，字符串总是以'\0'作为结束标志。因此，当我们把一个字符串存入一个数组中时，也把结束标志'\0'存入了该数组中。有了'\0'标志后，就不必再借助字符数组的长度来判断字符串的长度了。

C 语言允许用字符串的方式对数组进行初始化赋值。

例如：

```
char c[]={'c', ' ','p','r','o','g','r','a','m'};
```

上述语句可以改写为如下形式：

```
char c[]={"C program"};
```

或者去掉花括号"{}"，改写为如下形式：

```
char c[]="C program";
```

用字符串的方式给数组赋值比用字符逐个给数组元素赋值要多占用 1 字节的内存单元，用于存放字符串结束标志'\0'。上面的 c 数组在内存中的实际存放形式如下：

C		p	r	o	g	r	a	m	\0

'\0'是由编译系统自动加上的。由于采用了'\0'标志，所以在用字符串的方式给数组赋值时，一般无须指定数组的长度，而由编译系统自行处理。

5．字符数组的输入/输出

在用字符串的方式给数组赋值后，字符数组的输入/输出将变得简单、方便。

除了上述用字符串的方式给数组赋值，还可以用 scanf 函数和 printf 函数一次性输入/输出一个字符数组中的字符串，而不必使用循环语句逐个输入/输出每个字符。

【例 5.8】字符数组的输出。

```
void main()
{
  char c[]="MATH\nCLAN";
  printf("%s\n",c);
}
```

运行结果如下：

```
MATH
CLAN
```

程序说明

在本程序中，printf 函数中使用的格式字符串为“%s”，表示输出的是字符串。在输出表列中给出数组名即可，而不能写为如下形式：

```
printf("%s",c[]);
```

【例 5.9】通过键盘输入一组字符串并输出。

```
void main()
{
  char st[15];
  printf("input string:\n");
  scanf("%s",st);
  printf("%s\n",st);
}
```

程序说明

在本程序中，由于定义数组长度为 15，因此输入的字符串长度必须小于 15，以留出 1 字节用于存放字符串结束标志'\0'。应该说明的是，对于一个字符数组，如果不进行初始化赋值，则必须说明数组长度。另外，当我们使用 scanf 函数输入字符串时，字符串中不能含有空格，否则将以空格作为字符串结束标志。

例如，当我们输入的字符串中含有空格时，运行结果如下：

```
input string:
this is a book
this
```

从运行结果中可以看出，空格以后的字符都未被输出。为了避免出现这种情况，我们可以多定义几个字符数组，分段存放含有空格的字符串。

【例 5.10】输入一组含有空格的字符串并输出。

```
void main()
{
  char st1[6],st2[6],st3[6],st4[6];
  printf("input string:\n");
  scanf("%s%s%s%s",st1,st2,st3,st4);
  printf("%s %s %s %s\n",st1,st2,st3,st4);
}
```

在本程序中定义了 4 个数组，在输入语句中使用空格来分隔输入的字符串，并分别装入 4 个数组中，之后分别输出这 4 个数组中的字符串。

前面介绍过，scanf 函数的各输入项必须以地址的方式出现，如&a、&b 等，但在例 5.9 和例 5.10 中各输入项却是以数组名的方式出现的，这是为什么呢？

C 语言规定，数组名代表该数组的首地址。整个数组占用以首地址开头的一块连续的内存空间。

如果有字符数组 c[10]，则它在内存中的实际存放形式如下：

c[0]	c[1]	c[2]	c[3]	c[4]	c[5]	c[6]	c[7]	c[8]	c[9]

设数组 c 的首地址为 2000，也就是说，c[0]的单元地址为 2000，数组名 c 就代表这个首地址。因此，在 c 前面不能再加取地址运算符“&”，如写为 scanf("%s",&c);是错误的。在执行函数 printf("%s",c)时，先按数组名 c 找到该数组的首地址，然后逐个输出数组中的各个字符，直到遇到字符串结束标志'\0'为止。

假设输入“this is a book”，则运行结果如下：

```
input string:
this is a book
this is a book
```

5.2.4　字符串处理函数

C 语言提供了丰富的字符串处理函数，大致可分为字符串的输入、输出、合并、修改、比较、转换、复制、搜索等类型，使用这些函数可大大减轻编程的负担。在使用字符串输入/输出函数前应包含头文件 stdio.h，在使用其他字符串处理函数前应包含头文件 string.h。

下面介绍几个常用的字符串处理函数。

1．字符串输出函数 puts

格式：puts (字符数组名)。

功能：把字符数组中的字符串输出到显示屏幕上，即在屏幕上显示该字符串。

【例 5.11】 puts 函数的使用。

```
#include"stdio.h"
void main()
{
  char c[]="MATH\nCLAN";
  puts(c);
}
```

运行结果如下：

```
MATH
CLAN
```

程序说明

从本程序中可以看出，在 puts 函数中可以使用转义字符，因此输出结果变成两行。可以用 printf 函数取代 puts 函数。当我们需要按一定格式输出内容时，通常使用 printf 函数。

2. 字符串输入函数 gets

格式：gets (字符数组名)。

功能：通过标准输入设备（键盘）输入一个字符串。该函数的返回值是字符数组的首地址。

【例 5.12】gets 函数的使用。

```
#include"stdio.h"
void main()
{
  char st[15];
  printf("input string:\n");
  gets(st);
  puts(st);
}
```

运行结果如下：

```
input string:
I am a student.
I am a student.
```

程序说明

从本程序中可以看出，当我们输入的字符串中含有空格时，仍然输出完整的字符串。这说明 gets 函数并不以空格作为字符串结束标志，而只以回车符作为字符串结束标志。这一点与 scanf 函数不同。

3. 字符串连接函数 strcat

格式：strcat (字符数组名 1,字符数组名 2)。

功能：把字符数组 2 中的字符串连接到字符数组 1 中的字符串的后面，并删除字符数组 1 中的字符串结束标志'\0'。该函数的返回值是字符数组 1 的首地址。

【例 5.13】strcat 函数的使用。

```
#include"string.h"
void main()
{
  static char st1[30]="My name is ";
  int st2[10];
  printf("input your name:\n");
  gets(st2);
  strcat(st1,st2);
  puts(st1);
}
```

运行结果如下：

```
input your name:
Lili
My name is Lili
```

程序说明

本程序的功能是把初始化赋值的字符数组与动态赋值的字符数组连接起来。需要注意的是，字符数组 1 应有足够的长度，否则不能全部装入被连接的字符串。

4．字符串复制函数 strcpy

格式：strcpy (字符数组名 1,字符数组名 2)。

功能：把字符数组 2 中的字符串复制到字符数组 1 中，字符串结束标志'\0'被一同复制。字符数组 2 也可以是一个字符串常量，这时相当于把一个字符串赋予一个字符数组。

【例 5.14】strcpy 函数的使用。

```
#include"string.h"
void main()
{
  char st1[15],st2[]="C Language";
  strcpy(st1,st2);
  puts(st1);printf("\n");
}
```

运行结果如下：

```
C Language
```

程序说明

在使用 strcpy 函数时，要求字符数组 1 有足够的长度，否则不能全部装入所复制的字符串。

5．字符串比较函数 strcmp

格式：strcmp(字符数组名 1,字符数组名 2)。

功能：按照 ASCII 码比较两个数组中的字符串，并由函数返回值返回比较结果。若字符串 1=字符串 2，则函数返回值=0；若字符串 1>字符串 2，则函数返回值>0；若字符串 1<字符串 2，则函数返回值<0。

strcmp 函数也可用于比较两个字符串常量，或者比较字符数组和字符串常量。

【例 5.15】strcmp 函数的使用。

```
#include"string.h"
void main()
{ int k;
  static char st1[15],st2[]="C Language";
  printf("input a string:\n");
  gets(st1);
  k=strcmp(st1,st2);
  if(k==0) printf("st1=st2\n");
  if(k>0) printf("st1>st2\n");
  if(k<0) printf("st1<st2\n");
}
```

运行结果如下：

```
input a string:
JAVA
st1>st2
```

程序说明

在本程序中，将输入的字符串和字符数组 st2 中的字符串进行比较，将比较结果赋予 k，根据 k 值输出结果提示字符串。当输入“JAVA”时，由 ASCII 码可知“JAVA”大于“C Language”，故 k>0，输出结果为“st1>st2”。

6．字符串长度测量函数 strlen

格式：strlen(字符数组名)。

功能：测量字符串的实际长度（不含字符串结束标志'\0'）并作为函数返回值。

【例 5.16】strlen 函数的使用。

```
#include"string.h"
void main()
{ int k;
  static char st[]="C language";
  k=strlen(st);
  printf("The length of the string is %d\n",k);
}
```

运行结果如下：

```
The length of the string is 10
```

5.2.5 程序示例

【例 5.17】把一个整数按大小顺序插入已排好序的数组中。

为了把一个整数按大小顺序插入已排好序的数组中，我们应首先确定排序是从大到小还是从小到大进行的。设排序是从大到小进行的，则可把插入数与各数组元素值逐个进行比较，找到第一个比插入数小的数组元素 a[i]，该数组元素之前就是插入位置。然后从最后一个数组元素开始到数组元素 a[i]为止，逐个后移一个单元。最后把插入数赋予数组元素 a[i]即可。如果插入数比所有的数组元素值都小，则将该数插入最后位置。

```
#include"stdio.h"
void main()
{
  int i,j,p,q,s,n,a[11]={127,3,6,28,54,68,87,105,162,18};
  for(i=0;i<10;i++)
  {   p=i;q=a[i];
      for(j=i+1;j<10;j++)
         if(q<a[j]) {p=j; q=a[j];}
      if( p!=i)
        { s=a[i]; a[i]=a[p]; a[p]=s;}
      printf("%d ",a[i]);
  }
  printf("\ninput number:\n");
  scanf("%d",&n);
  for(i=0;i<10;i++)
  if(n>a[i])
  {   for(s=9;s>=i;s--) a[s+1]=a[s];
```

```
        break;
    }
    a[i]=n;
    for(i=0;i<=10;i++)
      printf("%d ",a[i]);
    printf("\n");
}
```

假设输入“47”，则运行结果如下：

```
162 127 105 87 68 54 28 18 6 3
input number:
47
162 127 105 87 68 54 47 28 18 6 3
```

可以看到，47 已被插入 54 和 28 之间。

程序说明

在本程序中，首先对数组 a 中的 10 个数从大到小进行排序并输出排序结果。然后输入要插入的整数 n。接着用一个 for 语句把 n 和各数组元素值逐个进行比较，如果发现 n>a[i]，则由一个内循环把 a[i]及之后的各数组元素顺次后移一个单元。后移应从后往前进行（从 a[9]开始到 a[i]为止）。后移结束后，跳出外循环。插入点为 a[i]，把 n 赋予 a[i]即可。如果所有的数组元素值均大于插入数，则并未进行后移操作，此时 i=10，结果是把 n 赋予 a[10]。最后一个循环用于输出插入数之后的各数组元素值。

【例 5.18】在二维数组 a 中挑选出各行最大的元素值组成一个一维数组 b。

a：

3	16	87	65
4	32	11	108
10	25	12	27

b：

87	108	27

本例题的编程思路是：在数组 a 的每一行中寻找最大的元素值，找到之后把该值赋予数组 b 中相应的元素。

```
void main()
{
    int a[][4]={3,16,87,65,4,32,11,108,10,25,12,27};
    int b[3],i,j,l;
    for(i=0;i<=2;i++)
    {
        l=a[i][0];
        for(j=1;j<=3;j++)
            if(a[i][j]>l) l=a[i][j];
        b[i]=l;
    }
    printf("\narray a:\n");
```

```
    for(i=0;i<=2;i++)
    {
        for(j=0;j<=3;j++)
            printf("%5d",a[i][j]);
        printf("\n");
    }
    printf("\narray b:\n");
    for(i=0;i<=2;i++)
        printf("%5d",b[i]);
    printf("\n");
}
```

运行结果如下：

```
array a:
    3   16   87   65
    4   32   11  108
   10   25   12   27
array b:
   87  108   27
```

程序说明

在本程序中，第一个 for 语句中嵌套了一个 for 语句构成双重循环。外循环控制逐行处理，并把每行的第 0 列元素赋予 l。进入内循环后，将 l 与后面各列元素进行比较，并把比 l 大者赋予 l。内循环完成后，l 就是该行中最大的元素，把 l 值赋予 b[i]。外循环全部完成后，数组 b 中已经装入了数组 a 各行中的最大值。后面的两个 for 语句分别用于输出数组 a 和数组 b。

【例 5.19】输入 5 个国家名并按字母顺序排序输出。

本例题的编程思路是：应该使用一个二维数组来存储 5 个国家名。然而，C 语言规定，可以把一个二维数组当成多个一维数组处理。因此，本例题又可以按 5 个一维数组处理，而每个一维数组就是一个国家名字符串。用字符串比较函数比较各一维数组的大小并排序，输出排序结果即可。

```
void main()
{
    char st[20],cs[5][20];
    int i,j,p;
    printf("input country's name:\n");
    for(i=0;i<5;i++)
      gets(cs[i]);
    printf("\n");
    for(i=0;i<5;i++)
    {
      p=i;
      strcpy(st,cs[i]);
      for(j=i+1;j<5;j++)
        if(strcmp(cs[j],st)<0)
        {
          p=j; strcpy(st,cs[j]);
        }
```

```
        if(p!=i)
        {
          strcpy(st,cs[i]);
          strcpy(cs[i],cs[p]);
          strcpy(cs[p],st);
        }
        puts(cs[i]);
      }
      printf("\n");
    }
```

运行结果如下：

```
input country's name:
China
Germany
America
Japan
Canada

America
Canada
China
Germany
Japan
```

程序说明

在本程序的第一个 for 语句中，用 gets 函数输入 5 个国家名字符串。上面说过，C 语言允许把一个二维数组当成多个一维数组来处理，本程序声明了一个二维字符数组 cs[5][20]，可以把它当成 5 个一维字符数组 cs[0]、cs[1]、cs[2]、cs[3]、cs[4]来处理，因此，在 gets 函数中使用 cs[i]是合法的。在第二个 for 语句中嵌套了一个 for 语句构成双重循环，这个双重循环负责完成按字母顺序排序操作。在外循环中把字符数组 cs[i]中的国家名字符串复制到数组 st 中，并把下标 i 赋予 p。进入内循环后，将 st 与 cs[i]之后的各字符串进行比较，若有比 st 小者，则把该字符串复制到 st 中，并把其下标赋予 p。内循环完成后，如果 p≠i，则说明有比 cs[i]更小的字符串出现，因此交换 cs[i]和 st 的内容。至此已经确定了数组 cs 中第 i 个元素的排序值。接着输出该字符串。外循环全部完成后，就完成了全部排序和输出操作。

5.2.6 数组元素作为函数实参使用

数组可以作为函数参数使用，进行数据传递。数组作为函数参数使用有两种形式：一种是数组元素（下标变量）作为函数实参使用；另一种是数组名作为函数参数使用。

数组元素就是下标变量，它与普通变量并无区别，因此，数组元素作为函数实参使用与普通变量作为函数实参使用是完全相同的，在进行函数调用时，把作为实参的数组元素的值传递给形参，从而实现单向的值传递。例 5.20 说明了这种情况。

【例 5.20】 判断一个整数数组中各元素的值，若大于 0 则输出该值，若小于或等于 0 则输出 0。

```
#include"stdio.h"
```

```
#include"string.h"
void nzp(int v)
{
  if(v>0)
    printf("%d ",v);
  else
    printf("%d ",0);
}
void main()
{
  int a[5],i;
  printf("input 5 numbers\n");
  for(i=0;i<5;i++)
  {
    scanf("%d",&a[i]);
    nzp(a[i]);
  }
}
```

运行结果如下：

```
input 5 numbers
-5 0 6 9 -4
0 0 6 9 0
```

程序说明

在本程序中，首先定义了一个无返回值函数 nzp，并声明其形参 v 为整型变量，在函数体中根据 v 值输出相应的结果。然后在 main 函数中使用一个 for 语句输入各数组元素，每输入一个数组元素，就以该数组元素作为实参调用一次 nzp 函数，即把 a[i]的值传递给形参 v，供 nzp 函数使用。

5.2.7 数组名作为函数参数使用

数组元素作为函数实参使用与数组名作为函数参数使用有以下几点不同。

（1）在数组元素作为函数实参使用时，只要数组类型和函数形参变量的类型一致，作为下标变量的数组元素的类型和函数形参变量的类型就是一致的。因此，并不要求函数形参也是下标变量。换句话说，编译系统把数组元素当作普通变量来进行处理。而在数组名作为函数参数使用时，则要求形参和相对应的实参必须是类型相同的数组，并且必须有明确的数组声明。当作为形参和实参的数组类型不一致时，就会发生错误。

（2）在普通变量或下标变量作为函数实参使用时，编译系统会为形参变量和实参变量分配不同的内存空间，在进行函数调用时发生的值传递就是把实参变量的值赋予形参变量。而在数组名作为函数参数使用时，并不会进行值传递，也就是说，并不会把实参数组中每个元素的值都赋予形参数组中的各个元素。因为形参数组实际上并不存在，编译系统不会为形参数组分配内存空间。那么，值传递是如何实现的呢？前面介绍过，数组名代表数组的首地址。因此，在数组名作为函数参数使用时传递的只是地址，也就是说，把实参数组的首地址赋予形参数组名。形参数组名取得该首地址之后，也就等同于有了实在的数组。实际上形参数组和实参数组为同一数组，共同占用一块内存空间。

图 5.2 说明了这种情况，设 a 为实参数组，类型为整型。a 占用了以 2000 为首地址的一块内存空间。b 为形参数组名。在进行函数调用时，把实参数组 a 的首地址传递给形参数组名 b，于是 b 也取得了该地址。此时 a、b 两个数组共同占用以 2000 为首地址的一块内存空间。从图 5.2 中还可以看出，数组 a、b 中下标相同的元素实际上也占用相同的两个内存单元（整型数组中的每个元素占 2 字节）。例如，a[0]和 b[0]都占用 2000 和 2001 单元，也就有 a[0]=b[0]。以此类推，则有 a[i]=b[i]。

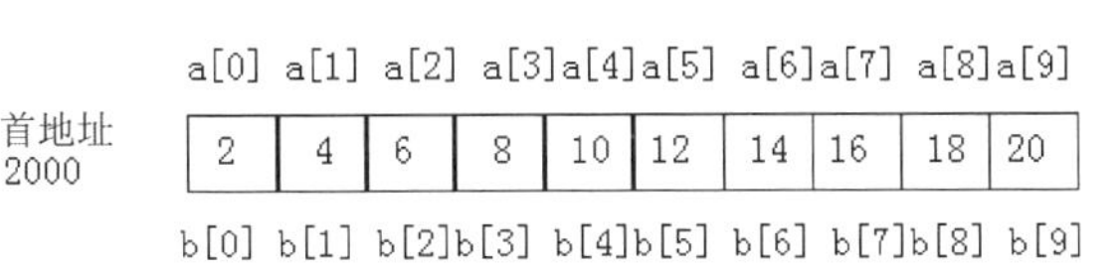

图 5.2　数组所占内存空间示例

【例 5.21】数组 a 中存放了一个学生 5 门课程的成绩，求该学生的平均成绩。

```
#include"stdio.h"
#include"string.h"
float aver(float a[5])
{
    int i;
    float av,s=a[0];
    for(i=1;i<5;i++)
      s=s+a[i];
    av=s/5;
    return av;
}
void main()
{
    float sco[5],av;
    int i;
    printf("\ninput 5 scores:\n");
    for(i=0;i<5;i++)
      scanf("%f",&sco[i]);
    av=aver(sco);
    printf("average score is %5.2f",av);
}
```

运行结果如下：

```
input 5 scores:
1 2 3 4 5
average score is  3.00
```

程序说明

在本程序中，定义了一个浮点型函数 aver，它有一个形参为浮点型数组 a，长度为 5。在 aver 函数中，把各数组元素值相加求出平均值，返回给主函数。在主函数 main 中，首先完成数组 sco 中各元素值的输入，然后以数组名 sco 作为实参调用 aver 函数，将函数返回值赋予 av，最后输出 av 的值。从运行结果中可以看出，本程序实现了所要求的功能。

前面讨论过，在数组元素作为函数实参使用时，所进行的值传递是单向的，即只能从实参传向形参，而不能从形参传回实参。形参的初值和实参的初值相同，而当形参的值发生改变后，实参的值并不会随之发生改变，两者的终值是不同的。而在数组名作为函数参数使用时，情况则有所不同。由于实际上形参数组和实参数组为同一数组，因此，当形参数组发生改变后，实参数组也会随之发生改变。当然，不能将这种情况理解为发生了“双向”的值传递。但从实际情况来看，调用函数之后，实参数组中的各元素值将会随着形参数组中的各元素值的变化而变化。为了说明这种情况，把例 5.20 中的程序修改为例 5.22 中的程序。

【例 5.22】题目同例 5.20，改用数组名作为函数参数。

```
#include"stdio.h"
#include"string.h"
void nzp(int a[5])
{
    int i;
    printf("\nvalues of array a are:\n");
    for(i=0;i<5;i++)
    {
        if(a[i]<0)  a[i]=0;
        printf("%d ",a[i]);
    }
}
void main()
{
    int b[5],i;
    printf("\ninput 5 numbers:\n");
    for(i=0;i<5;i++)
      scanf("%d",&b[i]);
    printf("initial values of array b are:\n");
    for(i=0;i<5;i++)
      printf("%d ",b[i]);
    nzp(b);
    printf("\nlast values of array b are:\n");
    for(i=0;i<5;i++)
      printf("%d ",b[i]);
}
```

假设与例 5.20 具有相同的输入，则运行结果如下：

```
input 5 numbers:
-5 0 6 9 -4
initial values of array b are:
-5 0 6 9 -4
values of array a are:
 0 0 6 9 0
last values of array b are:
 0 0 6 9 0
```

程序说明

在本程序中，nzp 函数中的形参为整型数组 a，长度为 5；主函数 main 中的实参为整型数组 b，长度也为 5。在主函数中，首先输入数组 b 中的各元素值，然后输出数组 b 中各元素的初值，接着以数组名 b 作为实参调用 nzp 函数。在 nzp 函数中，按要求把负值单元清零，并输出形参数组 a 中各元素的值。返回主函数后，再次输出数组 b 中各元素的值。从运行结果中可以看出，数组 b 中各元素的初值和终值是不同的，数组 b 中各元素的终值和数组 a 中各元素的值是相同的。这说明实参数组和形参数组为同一数组，其中各元素的值同时得以改变。

在数组名作为函数参数使用时，还应注意以下几点。

（1）形参数组和实参数组的类型必须一致，否则将会发生错误。

（2）形参数组和实参数组的长度可以不同，因为在进行函数调用时只传递首地址而不检查形参数组的长度。当形参数组和实参数组的长度不同时，虽然不至于出现语法错误（编译能够通过），但程序运行结果将与实际情况不符。

【例 5.23】对例 5.22 中的程序进行修改。

```
#include"stdio.h"
#include"string.h"
void nzp(int a[8])
{
  int i;
  printf("\nvalues of array are:\n");
  for(i=0;i<8;i++)
  {
    if(a[i]<0)  a[i]=0;
    printf("%d ",a[i]);
  }
}
void main()
{
  int b[5],i;
  printf("\ninput 5 numbers:\n");
  for(i=0;i<5;i++)
    scanf("%d",&b[i]);
  printf("initial values of array b are:\n");
  for(i=0;i<5;i++)
    printf("%d ",b[i]);
  nzp(b);
  printf("\nlast values of array b are:\n");
  for(i=0;i<5;i++)
    printf("%d ",b[i]);
}
```

程序说明

本程序与例 5.22 中的程序相比，nzp 函数的形参数组长度改为 8，函数体中 for 语句的循环条件也改为 i<8。因此，形参数组 a 和实参数组 b 的长度不同。虽然编译能够通过，但数组元素 a[5]、a[6]、a[7]是毫无意义的。

在函数形参表中，允许不给出形参数组的长度，或用一个变量动态地表示形参数组的长度。例如，可以写为如下形式：

```
void nzp(int a[])
```

或者写为如下形式：

```
void nzp(int a[],int n)
```

在函数形参表中没有给出形参数组 a 的长度，而用变量 n 动态地表示形参数组 a 的长度。n 值由主调函数的实参进行传递。

由此，可以把例 5.23 中的程序修改为例 5.24 中的程序。

【例 5.24】 对例 5.23 中的程序进行修改。

```
#include"stdio.h"
#include"string.h"
void nzp(int a[],int n)
{
  int i;
  printf("\nvalues of array a are:\n");
  for(i=0;i<n;i++)
  {
    if(a[i]<0) a[i]=0;
    printf("%d ",a[i]);
  }
}
void main()
{
  int b[5],i;
  printf("\ninput 5 numbers:\n");
  for(i=0;i<5;i++)
    scanf("%d",&b[i]);
  printf("initial values of array b are:\n");
  for(i=0;i<5;i++)
    printf("%d ",b[i]);
  nzp(b,5);
  printf("\nlast values of array b are:\n");
  for(i=0;i<5;i++)
    printf("%d ",b[i]);
}
```

程序说明

在本程序中，我们没有给出 nzp 函数中形参数组 a 的长度，而用变量 n 动态地表示形参数组 a 的长度。在 main 函数中，函数调用语句为 nzp(b,5);，其中的实参 5 将被赋予形参 n 作为形参数组 a 的长度。

多维数组也可以作为函数参数使用。在进行函数定义时，对形参数组既可以指定每一维的长度，也可以省略第一维的长度。因此，以下写法都是合法的。

```
int MA(int a[3][10])
```

或

```
int MA(int a[][10])
```

5.3 后台管理子系统高级知识

5.3.1 结构

项目模块

```
/*定义学生的数据结构*/
struct STUDENT
{
   long sno;                              /*sno 代表学号，由 10 位数字组成*/
   char sname[15];
   int age;
   char sex;
};
/*
模块编号：5.4
模块名称：学生信息输入模块
模块描述：输入班级每个学生的基本信息并保存
*/
void information_store(STUDENT s[ ], int n)/*s 用来存放学生的基本信息，n 代表班级人数*/
{
   int i;
   for (i=0 ; i < n ;i++)
   {
      printf ("请输入班级第%d 个学生的学号\n",i+1);
      scanf ("%ld",&s[i].sno);
      printf ("请输入班级第%d 个学生的姓名\n",i+1);
      scanf ("%s",s[i].sname);
      printf ("请输入班级第%d 个学生的年龄\n",i+1);
      scanf ("%d",&s[i].age);
      printf ("请输入班级第%d 个学生的性别\n",i+1);
      scanf ("%c",&s[i].sex);
   }
   printf ("输入成功! \n");
}
```

在实际问题中，一组数据往往具有不同的数据类型。例如，在学生登记表中，姓名应为字符型；学号可为整型或字符型；年龄应为整型；性别应为字符型；成绩可为整型或浮点型。显然不能用一个数组来存放这一组数据，因为数组中各元素的类型和长度都必须一致，以便编译系统进行处理。为了解决这个问题，C 语言提供了另一种构造数据类型——结构（Structure），又称结构体，相当于其他高级语言中的记录。结构是一种构造数据类型，它是由若干个成员组成的，每个成员可以是基本数据类型或构造数据类型。既然结构是一种构造而成的数据类型，那么在声明和使用结构之前必须先定义它，也就是构造它，如同在声明和调用函数之前要先定义函数一样。

定义一个结构的一般形式如下：

```
struct 结构名
    {成员表列};
```

成员表列由若干个成员组成，每个成员都是该结构的一个组成部分。对每个成员也必须进行类型声明，其一般形式如下：

```
类型说明符 成员名;
```

成员的命名应符合标识符的命名规则。例如：

```
struct STUDENT
{
   long sno;
   char sname[15];
   int age;
   char sex;
};
```

在这个结构定义中，结构名为STUDENT，该结构由4个成员组成：第一个成员为sno，它是一个长整型变量；第二个成员为sname，它是一个字符数组；第三个成员为age，它是一个整型变量；第四个成员为sex，它是一个字符变量。应注意“}”后面的分号是必不可少的。定义结构之后，即可进行变量声明。凡声明为结构STUDENT的变量都由上述4个成员组成。由此可见，结构是一种复杂的数据类型，是数目固定、类型不同的若干个有序变量的集合。

1. 结构变量的声明

声明结构变量有三种方法，接下来我们以上面定义的结构STUDENT为例来进行说明。

（1）先定义结构，再声明结构变量。例如：

```
struct STUDENT
{
   long sno;
   char sname[15];
   int age;
   char sex;
};
struct STUDENT boy1,boy2;
```

上述程序声明了两个变量boy1和boy2，它们都属于STUDENT结构类型。

我们也可以采用宏定义的方法，使用一个符号常量表示一个结构类型。例如：

```
#define STU struct STUDENT
STU
    {
   long sno;
   char sname[15];
   int age;
   char sex;
    };
STU boy1,boy2;
```

（2）在定义结构的同时声明结构变量。例如：

```
struct STUDENT
{
   long sno;
   char sname[15];
   int age;
   char sex;
}boy1,boy2;
```

这种形式的结构变量声明的一般形式如下：

```
struct 结构名
{
    成员表列
}变量名表列;
```

（3）直接声明结构变量。例如：

```
struct
{
   long sno;
   char sname[15];
   int age;
   char sex;
}boy1,boy2;
```

这种形式的结构变量声明的一般形式如下：

```
struct
{
    成员表列
}变量名表列;
```

第三种方法与第二种方法的区别在于，第三种方法中省去了结构名，而直接声明了结构变量。三种方法中声明的 boy1 和 boy2 变量都具有如图 5.3 所示的结构。

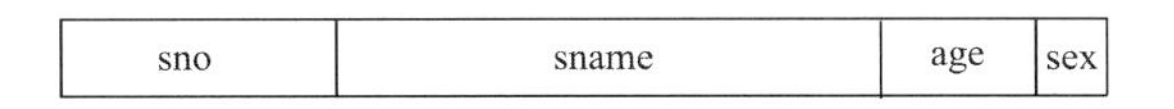

图 5.3　boy1 和 boy2 变量的结构

在声明 boy1 和 boy2 变量为 STUDENT 结构类型后，即可向这两个变量中的各个成员赋值。在上述 STUDENT 结构定义中，所有成员的类型都是基本数据类型或数组类型。

成员也可以是一个结构，即构成嵌套的结构。例如，图 5.4 给出了另一个数据结构。

num	name	sex	birthday			score
			month	day	year	

图 5.4　另一个数据结构

按照图 5.4 可以给出以下结构定义：

```
struct date
{
    int month;
```

```
    int day;
    int year;
  };
  struct{
    int num;
    char name[20];
    char sex;
    struct date birthday;
    float score;
  }boy1,boy2;
```

上述程序首先定义了一个结构 date，该结构由 month（月）、day（日）、year（年）三个成员组成；其次，在定义并声明 boy1 和 boy2 变量时，其中的成员 birthday 被声明为 date 结构类型。成员名可与程序中的其他变量名相同，它们互不干扰。

2. 结构变量成员的表示方法

在程序中使用结构变量时，往往不能把它当作一个整体。在 ANSI C 中，除了允许具有相同类型的结构变量相互赋值，一般对结构变量的使用，包括赋值、输入、输出、运算等，都是通过结构变量成员来实现的。

结构变量成员的一般表示形式如下：

```
结构变量名.成员名
```

例如：

```
boy1.num                        //第一个人的学号
boy2.sex                        //第二个人的性别
```

如果成员本身也是一个结构，则必须逐级找到最低级的成员才能使用。

例如：

```
boy1.birthday.month
```

第一个人出生的月份成员可以在程序中单独使用，它与普通变量完全相同。

3. 结构变量的赋值

结构变量的赋值就是给各成员赋值，可以使用输入语句或赋值语句来完成。

【例 5.25】给结构变量赋值并输出。

```
#include"stdio.h"
#include"string.h"
void main()
{
  struct stu
  {
    int num;
    char *name;
    char sex;
    float score;
  }boy1,boy2;
  boy1.num=102;
```

```
  boy1.name="Zhang ping";
  printf("input sex and score\n");
  scanf("%c %f",&boy1.sex,&boy1.score);
  boy2=boy1;
  printf("Number=%d\nName=%s\n",boy2.num,boy2.name);
  printf("Sex=%c\nScore=%f\n",boy2.sex,boy2.score);
}
```

运行结果如下：

```
input sex and score
M 95
Number=102
Name=Zhang ping
Sex=M
Score=95.000000
```

程序说明

在本程序中，首先用赋值语句给 num 和 name 两个成员赋值，其中 name 是一个字符串指针变量；然后用 scanf 函数动态地输入 sex 和 score 成员值；接着把 boy1 变量的所有成员值整体赋予 boy2；最后输出 boy2 变量的所有成员值。本程序展示了结构变量的赋值、输入和输出方法。

4．结构变量的初始化

和其他类型的变量一样，我们也可以在定义结构变量时对其进行初始化赋值。

【例 5.26】对结构变量进行初始化赋值。

```
#include"stdio.h"
#include"string.h"
void main()
{
  struct stu                              /*定义结构*/
  {
    int num;
    char *name;
    char sex;
    float score;
  }boy2,boy1={102,"Zhang ping",'M',78.5};
  boy2=boy1;
  printf("Number=%d\nName=%s\n",boy2.num,boy2.name);
  printf("Sex=%c\nScore=%f\n",boy2.sex,boy2.score);
}
```

运行结果如下：

```
Number=102
Name=Zhang ping
Sex=M
Score=78.500000
```

程序说明

在本程序中，boy2、boy1 均被定义为外部结构变量，并对 boy1 变量进行了初始化赋值。

在 main 函数中，首先把 boy1 变量的所有成员值整体赋予 boy2 变量，然后用两个 printf 语句输出 boy2 变量的所有成员值。

5.3.2 结构数组

数组元素也可以是结构类型的，这样的数组就是结构数组。结构数组中的每个元素都是具有相同结构类型的下标结构变量。在实际应用中，我们经常用结构数组来表示具有相同数据结构的一个群体，如一个班级的学生档案、一个车间的职工工资表等。

结构数组的定义方法和结构变量的定义方法相似，只需将它定义为数组即可。例如：

```
struct stu
{
    int num;
    char *name;
    char sex;
    float score;
}boy[5];
```

上述程序定义了一个结构数组 boy，该数组共有 5 个元素，即 boy[0]～boy[4]，每个数组元素都属于 stu 结构类型。

我们也可以对结构数组进行初始化赋值。例如：

```
struct stu
{
    int num;
    char *name;
    char sex;
    float score;
 }boy[5]={
     {101,"Li ping","M",45},
     {102,"Zhang ping","M",62.5},
     {103,"He fang","F",92.5},
     {104,"Cheng ling","F",87},
     {105,"Wang ming","M",58},
};
```

如果我们对全部数组元素进行初始化赋值，则可以不给出数组长度。

【例 5.27】计算 5 个学生的总分、平均分和不及格人数。

```
#include"stdio.h"
#include"string.h"
struct stu
{
    int num;
    char *name;
    char sex;
    float score;
}boy[5]={
        {101,"Li ping",'M',45},
```

```
        {102,"Zhang ping",'M',62.5},
        {103,"He fang",'F',92.5},
        {104,"Cheng ling",'F',87},
        {105,"Wang ming",'M',58},
      };
void main()
{
    int i,c=0;
    float ave,s=0;
    for(i=0;i<5;i++)
    {
      s+=boy[i].score;
      if(boy[i].score<60) c+=1;
    }
    printf("s=%f\n",s);
    ave=s/5;
    printf("average=%f\ncount=%d\n",ave,c);
}
```

运行结果如下：

```
s=345.000000
average=69.000000
count=2
```

程序说明

在本程序中，定义了一个包含 5 个元素的外部结构数组 boy，并对其进行了初始化赋值。在 main 函数中使用 for 语句逐个累加各数组元素的 score 成员值并将其存放在变量 s 中，如果 score 成员值小于 60（不及格），则计数器 c 加 1，循环结束后计算平均分，并输出 5 个学生的总分、平均分和不及格人数。

【例 5.28】建立通讯录。

```
#include"stdio.h"
#define NUM 3
struct mem
{
    char name[20];
    char phone[11];
};
void main()
{
    struct mem man[NUM];
    int i;
    for(i=0;i<NUM;i++)
     {
      printf("input name:\n");
      gets(man[i].name);
      printf("input phone:\n");
      gets(man[i].phone);
```

```
    }
   printf("name\t\t\tphone\n\n");
   for(i=0;i<NUM;i++)
     printf("%s\t\t\t%s\n",man[i].name,man[i].phone);
}
```

假设输入 3 个人员的姓名和电话号码，则运行结果如下：

```
input name:
李明
input phone:
18320564750
input name:
王芳
input phone:
13320568411
input name:
李宁
input phone:
18741410025
name                        phone

李明                        18320564750
王芳                        13320568411
李宁                        18741410025
```

程序说明

在本程序中，定义了一个结构 mem，它有两个成员 name 和 phone，分别用来表示姓名和电话号码。在 main 函数中，首先定义 man 为 mem 类型的结构数组；然后在第一个 for 语句中使用 gets 函数输入各数组元素的两个成员值；最后在第二个 for 语句中使用 printf 函数输出各数组元素的两个成员值。

5.3.3 枚举类型

在实际问题中，有些变量的取值被限定在一个有限的范围内，例如，一个星期只有 7 天，一年只有 12 个月，一个班每周只有 6 门课程等。如果把这些变量声明为整型、字符型或其他类型，那显然是不妥当的。为此，C 语言提供了一种被称为枚举的类型。在枚举类型的定义中列举出所有可能的取值，被声明为该枚举类型的变量取值不能超出定义的范围。应该说明的一点是，枚举类型是一种基本数据类型，而不是一种构造数据类型，因为它不能再分解为任何基本数据类型。

1. 枚举类型的定义和枚举变量的声明

1）枚举类型的定义

枚举类型定义的一般形式如下：

```
enum 枚举名{ 枚举值表 };
```

在枚举值表中，应罗列出所有可用的值，这些值也被称为枚举元素。

例如：

```
enum weekday{ sun, mon, tue, wed, thu, fri, sat };
```

上述语句定义的枚举名为 weekday，它有 7 个元素，即一个星期中的 7 天，凡被声明为 weekday 类型的变量取值只能是这 7 天中的某一天。

对于枚举类型的定义，我们仅给出枚举元素的名字（不给出名字对应的数值）。这时枚举元素对应的数值默认从 0 开始，往后逐个加 1（递增）。也就是说，weekday 中的 sun、mon、tue、wed、thu、fri、sat 对应的数值分别为 0、1、2、3、4、5、6。

也可以给每个名字都指定一个数值，例如：

```
enum weekday{ sun=7, mon=1, tue=2, wed=3, thu=4, fri=5, sat=6 };
```

或者只给第一个名字指定数值，例如：

```
enum weekday{ sun=0, mon, tue, wed, thu, fri, sat };
```

这样枚举元素对应的数值就从 0 开始递增，与上面的写法等效。

2）枚举变量的声明

如同结构变量一样，枚举变量也可以用不同的方式加以声明，即先定义后声明、在定义的同时声明或直接声明。

设变量 a、b、c 被声明为上述 weekday 类型，则可以采用下述任意一种方式。

```
enum weekday{ sun,mon,tue,wed,thu,fri,sat };
enum weekday a,b,c;
```

或者：

```
enum weekday{ sun,mon,tue,wed,thu,fri,sat }a,b,c;
```

或者：

```
enum { sun,mon,tue,wed,thu,fri,sat }a,b,c;
```

2. 枚举变量的赋值和使用

（1）枚举元素是常量，而不是变量，不能在程序中用赋值语句对它进行赋值。

例如，对枚举 weekday 中的元素进行以下赋值都是错误的。

```
sun=5;
mon=2;
sun=mon;
```

（2）枚举元素本身由系统定义了一个表示序号的数值，从 0 开始顺序定义为 0,1,2……例如，在枚举 weekday 中，sun 对应的数值为 0，mon 对应的数值为 1，依次类推。

【例 5.29】枚举变量的赋值。

```
#include"stdio.h"
#include"string.h"
void main()
{
  enum weekday
  { sun,mon,tue,wed,thu,fri,sat } a,b,c;
  a=sun;
```

```
    b=mon;
    c=tue;
    printf("%d,%d,%d",a,b,c);
}
```

运行结果如下：

```
0,1,2
```

程序说明

只能把枚举元素赋予枚举变量，而不能把枚举元素对应的数值直接赋予枚举变量。例如，下述写法是正确的。

```
a=sun;
b=mon;
```

而下述写法是错误的。

```
a=0;
b=1;
```

如果一定要把枚举元素对应的数值赋予枚举变量，则必须使用强制类型转换。例如：

```
a=(enum weekday)2;
```

其含义是将顺序号为 2 的枚举元素赋予枚举变量 a，相当于如下形式：

```
a=tue;
```

还应该说明的一点是，枚举元素既不是字符常量，也不是字符串常量，在使用时不要加单、双引号。

【例 5.30】借助 switch-case 语句体会枚举变量的赋值。

```
#include"stdio.h"
#include"string.h"
main(){
  enum body
  { a,b,c,d } month[12],j;
  int i;
  j=a;
  for(i=0;i<12;i++)
  {
    month[i]=j;
    j++;
    if (j>d) j=a;
  }
  for(i=0;i<12;i++)
  {
    switch(month[i])
    {
      case a:printf(" %d %c",i+1,'a'); break;
      case b:printf(" %4d %c",i+1,'b'); break;
      case c:printf(" %4d %c",i+1,'c'); break;
      case d:printf(" %4d %c",i+1,'d'); break;
```

```
      default:break;
    }
    if((i+1)%4==0)
      printf("\n");
  }
  printf("\n");
}
```

运行结果如下：

```
1 a    2 b    3 c    4 d
5 a    6 b    7 c    8 d
9 a   10 b   11 c   12 d
```

5.3.4　类型定义符 typedef

C 语言不仅提供了丰富的数据类型，而且允许用户自己定义类型说明符，也就是允许用户为数据类型取别名。借助类型定义符 typedef 即可实现此功能。例如，有整型变量 a、b，其声明如下：

```
int a,b;
```

其中，int 是整型变量的类型说明符。为了增强程序的可读性，可把类型说明符 int 用 typedef 定义为 INTEGER，如下所示：

```
typedef int INTEGER;
```

这样，以后就可以用 INTEGER 来代替 int 进行整型变量的类型说明了。

例如：

```
INTEGER a,b;
```

上述语句等效于如下语句：

```
int a,b;
```

使用 typedef 定义数组、指针、结构等类型将带来很大的便利，不仅可以使程序的书写更简单，而且可以使程序的含义更明确，增强程序的可读性。

例如：

```
typedef char NAME[20];
```

上述语句定义了 NAME 来表示字符数组类型，数组长度为 20。接下来就可以用 NAME 来声明变量了，例如：

```
NAME a1,a2,s1,s2;
```

上述语句等效于如下语句：

```
char a1[20],a2[20],s1[20],s2[20];
```

又如：

```
typedef struct stu
  { char name[20];
    int age;
```

```
        char sex;
    } STU;
```

上述语句定义了 STU 来表示 stu 结构类型。接下来就可以用 STU 来声明结构变量了，例如：

```
STU body1,body2;
```

使用 typedef 定义类型的一般形式如下：

```
typedef 原类型名  新类型名;
```

其中，原类型名中含有定义部分；新类型名一般用大写字母表示，以便区别于原类型名。

有时也可以用宏定义来代替 typedef 的功能，但是，宏定义是在预处理阶段完成的，而 typedef 则是在编译阶段完成的，后者更为灵活、方便。

5.4 小结

为了方便处理大量的同类型数据，本章介绍了数组的有关操作及字符串处理函数，并以程序示例展示了处理大量同类型数据的具体操作。为了更加灵活地处理具有不同数据类型的一组数据，本章给出了结构、结构数组等方面的相关知识，为后台管理子系统的实现提供了技术保障。

第6章

查询统计子系统动态实现

6.1 查询统计子系统动态实现概述

项目概述

图 4.1 给出了查询统计子系统的主要功能模块，在本章中，我们将使用指针等方法对查询统计子系统进行动态实现。

关注点

（1）地址。内存单元是通过地址来标识的。如果我们知道某个内存单元的地址，就可以间接访问该内存单元。当然，对于一些数据，我们还可以通过单独保存其下一个相邻元素的地址成员来建立相互联系的数据结构。

（2）操作。怎样通过地址对变量、数组、链表进行操作？

（3）传地址调用。在进行函数调用时，可以把实参的地址传递到被调函数中，从而产生奇妙的效果。

（4）链式存储结构。每个节点中不仅需要存放数据，还需要存放和它相关联的下一个节点的地址。

（5）动态内存分配与回收。在程序运行过程中可能临时需要一些内存空间，这时可以进行动态内存分配，不需要时再进行回收。

6.2 查询统计子系统指针知识基础

6.2.1 指针

项目模块

```
/*
模块编号：6.1
模块名称：统计不及格人数模块
模块描述：接收班级每个学生的成绩，统计不及格人数并返回
*/
int ×××(int *ps, int num)/*ps 是指向学生某门课程成绩数组的指针变量，num 代表班级人数*/
{
int c = 0;                                    /*c 用来记录不及格人数*/
int i;
```

```
    for (i=0 ; i < num ;i++)
      if (*ps < 60)                        /*判断成绩是否小于60分*/
          {
              c++;
              ps++;
          }
          return c;
    }
```

在模块6.1中，我们用一个一维数组存放学生的成绩信息。函数的形参是指针变量，指向学生某门课程成绩数组的首地址，即指向该数组中的第一个元素。程序通过自增运算移动指针并统计不及格人数。

指针是C语言中被广泛使用的一种数据类型，运用指针编程是C语言的重要风格之一。利用指针变量可以表示各种数据结构，能很方便地使用数组和字符串，并能像汇编语言一样处理内存地址，从而编写出精练而高效的程序。可以说，指针的运用极大地丰富了C语言的功能。学习指针是学习C语言中十分重要的一环，能否正确理解和使用指针是我们是否掌握C语言的一个标志。同时，指针也是C语言中很难掌握的一部分，我们在学习中除了要正确理解指针的基本概念，还要多编程、上机调试。只要做到这些，指针就不难掌握。

在计算机中，所有数据都是被存放在存储器中的。我们一般把存储器中的1字节称为一个内存单元，不同的数据类型所占用的内存单元数不等，如整型量占用两个内存单元、字符型量占用一个内存单元等。为了正确地访问这些内存单元，我们必须为每个内存单元编号，根据一个内存单元的编号即可准确地找到该内存单元。内存单元的编号也被称为地址。既然根据内存单元的编号或地址就可以找到所需的内存单元，那么我们通常把这个地址称为指针。内存单元的指针和内存单元的内容是两个不同的概念，我们可以用一个通俗的例子来说明它们之间的关系。我们到银行存款时，银行工作人员将根据我们的账号去找我们的存款单，找到之后在存款单上写入存款金额。在这里，账号就是存款单的指针，存款金额就是存款单的内容。对于一个内存单元来说，地址就是该内存单元的指针，其中存放的数据才是该内存单元的内容。在C语言中允许用一个变量来存放指针，这种变量被称为指针变量。因此，一个指针变量的值就是某个内存单元的地址或指针。

在图6.1中，设有字符变量c，其内容为'k'（对应的ASCII码为十进制数75），c占用了011A号内存单元（地址用十六进制数表示）；设有指针变量p，其内容为011A。对于这种情况，我们称p指向变量c，或者说p是指向变量c的指针。

严格地说，一个指针是一个地址，它是一个常量；而一个指针变量可以被赋予不同的指针值，它是一个变量。但人们常把指针变量简称为指针。为了避免混淆，我们约定：指针是指地址，是常量；指针变量是指取值为地址的变量。我们定义指针的目的是通过指针去访问内存单元。

既然指针变量的值是一个地址，那么这个地址不仅可以是变量的地址，还可以是其他数据结构的地址。在一个指针变量中存放数组或函数的首地址有何意义呢？因为数组或函数在内存中都是连续存放的，我们通过访问指针变量取得了数组或函数的首地址，也就找到了该数组或函数。这样一来，凡是出现数组或函数的地方都可以用一个指针变量来表示，只要该指针变量被赋予数组或函数的首地址即可。这样做将会使程序的概念十分清楚，程序本身也会更加精练、高效。在 C 语言中，一种数据类型或数据结构往往占用一块连续的内存单元。用“地址”这个概念并不能很好地描述一种数据类型或数据结构，而“指针”虽然实际上也是一个地址，但它是一个数据结构的首地址，“指向”一个数据结构，因而其概念更为清楚、表示更为明确。这也是 C 语言引入“指针”这个概念的一个重要原因。

变量的指针就是变量的地址，存放变量地址的变量就是指针变量。为了表示指针变量和它所指向的变量之间的关系，在程序中用星号“*”表示“指向”。例如，在图 6.2 中，i_pointer 代表指针变量，而*i_pointer 是 i_pointer 所指向的变量。

图 6.1　一个指针变量指向一个字符变量　　　图 6.2　一个整型指针指向一个整型变量

因此，下面两条语句的作用相同。

```
i=3;
*i_pointer=3;
```

第二条语句的含义是将 3 赋予指针变量 i_pointer 所指向的变量。

1. 指针变量的定义

对指针变量的定义包括三部分内容。

（1）指针类型声明，即定义变量为一个指针变量。

（2）指针变量名。

（3）指针变量所指向的变量的数据类型。

指针变量定义的一般形式如下：

```
类型说明符　*变量名;
```

其中，*表示这是一个指针变量，变量名就是定义的指针变量名，类型说明符表示该指针变量所指向变量的数据类型。

例如：

```
int *p1;
```

上述语句表示 p1 是一个指针变量，它的值是某个整型变量的地址。或者说 p1 指向一个整型变量。至于 p1 究竟指向哪个整型变量，应该由向 p1 赋予的地址来决定。

又如：

```
int *p2;                                /*p2 是指向整型变量的指针变量*/
float *p3;                              /*p3 是指向浮点型变量的指针变量*/
char *p4;                               /*p4 是指向字符变量的指针变量*/
```

应该注意的是，一个指针变量只能指向同类型的变量，如 p3 只能指向浮点型变量，而不能时而指向一个浮点型变量，时而指向一个字符变量。

2. 指针变量的引用

指针变量同普通变量一样，在使用之前不仅要先进行定义与声明，而且必须被赋予具体的值。不能使用未被赋值的指针变量，否则将会造成系统混乱，甚至死机。指针变量的赋值只能是地址，而不能是任何其他数据，否则将会报错。在C语言中，变量的地址是由编译系统分配的，用户并不知道变量的具体地址。

先介绍两个与指针变量的引用有关的运算符。

（1）&：取地址运算符。

（2）*：指针运算符（或称间接访问运算符）。

C语言提供了取地址运算符“&”来表示变量的地址，其一般形式如下：

```
&变量名
```

例如，&a表示变量a的地址，&b表示变量b的地址。变量本身必须预先声明。

设有指向整型变量的指针变量p，如果要把整型变量a的地址赋予p，则可以采用以下两种方法。

（1）指针变量初始化赋值。

```
int a;
int *p=&a;
```

（2）使用赋值语句。

```
int a;
int *p;
p=&a;
```

不允许把一个数值赋予指针变量，故下面的赋值语句是错误的。

```
int *p;
p=1000;
```

被赋值的指针变量前不能再加“*”说明符，如写为*p=&a也是错误的。

假设：

```
int i=200, x;
int *ip;
```

我们定义了两个整型变量i、x，还定义了一个指向整型变量的指针变量ip。整型变量i、x中可以存放整数，而指针变量ip中只能存放整型变量的地址。我们可以把整型变量i的地址赋予指针变量ip，如下所示：

```
ip=&i;
```

此时指针变量ip指向整型变量i。假设整型变量i的地址为1800，那么这个赋值可以形象地理解为图6.3所示的联系。

之后我们便可以通过指针变量ip间接访问整型变量i，例如：

```
x=*ip;
```

运算符“*”表示访问以ip为地址的存储区域，而ip中存放的是整型变量i的地址，因此，*ip访问的是地址为1800的存储区域（因为是整数，实际上是从1800开始的2字节），它就是整型变量i所占用的存储区域。上面的赋值表达式等价于如下赋值表达式：

```
x=i;
```

另外，指针变量和普通变量一样，存放在它们当中的值是可以改变的，也就是说，可以改变它们的指向。假设：

```
int i,j,*p1,*p2;
i='a';
j='b';
p1=&i;
p2=&j;
```

则建立如图 6.4 所示的联系。

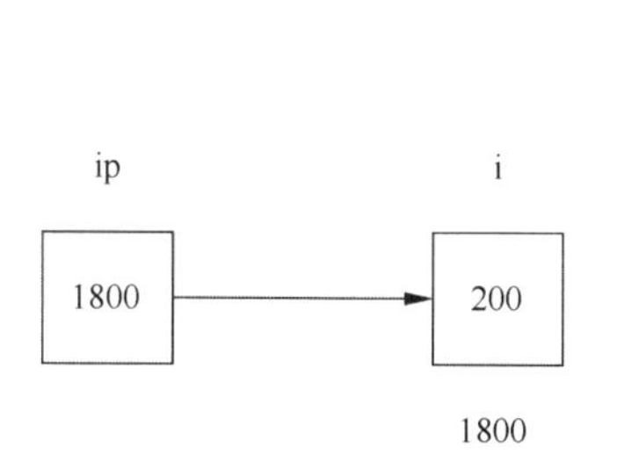

图 6.3　通过指针变量 ip 间接访问整型变量 i

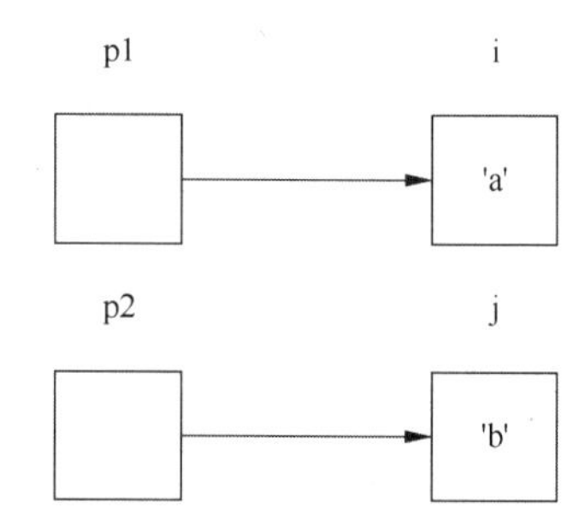

图 6.4　指针变量 p1、p2 分别指向变量 i、j

如果执行如下表达式，则表示把 p1 指向的内容赋予 p2 指向的区域，此时得到的结果如图 6.5 所示。

```
*p2=*p1;
```

如果执行如下表达式，则表示使 p2 与 p1 指向同一对象 i，此时*p2 等价于 i，而不是 j，如图 6.6 所示。

```
p2=p1;
```

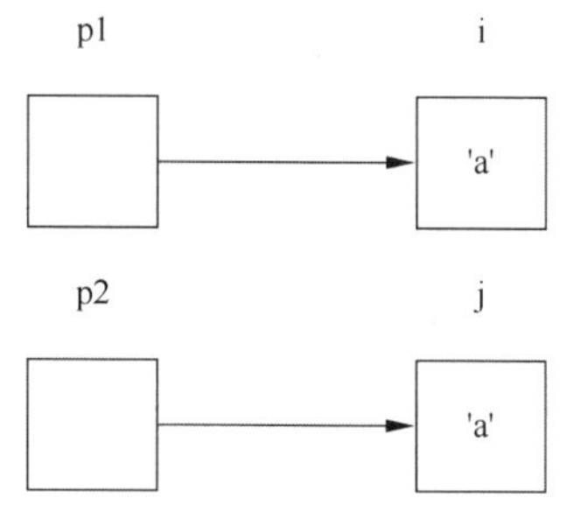

图 6.5　通过指针变量 p2 修改变量 j 的值

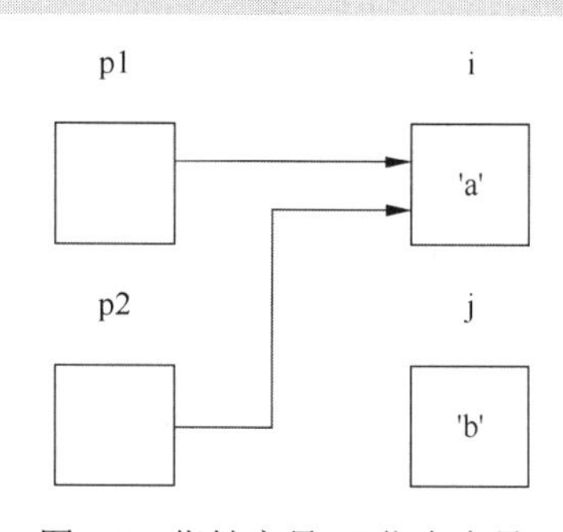

图 6.6　指针变量 p2 指向变量 i

通过指针访问它所指向的一个变量是以间接访问的形式进行的，比直接访问一个变量要费时间，而且不直观。因为通过指针要访问哪个变量取决于指针的值（指向），例如，*p2=*p1;实际上就是 j=i;，前者不仅执行速度慢，而且目的不明确。但由于指针是变量，所以我们可以通过改变它们的指向来间接访问不同的变量，这不仅使程序设计更加灵活，而且使程序变得更加简洁和有效。

指针变量可以出现在表达式中。例如：

```
int x,y,*px=&x;
```

指针变量 px 指向整数 x，则*px 可以出现在 x 能出现的任何地方。例如：

```
y=*px+5;                    /*把 x 的内容加 5 后赋予 y*/
y=++*px;                    /*把 px 的内容加 1 后赋予 y，++*px 相当于++(*px)*/
```

```
y=*px++;                    /*相当于 y=*(px++)/
```

【例 6.1】使用指针变量指向同类型的变量。

```
#include"stdio.h"
#include"string.h"
void main()
{
  int a,b;
  int *pointer_1, *pointer_2;
  a=100;b=10;
  pointer_1=&a;
  pointer_2=&b;
  printf("%d,%d\n",a,b);
  printf("%d,%d\n",*pointer_1, *pointer_2);
}
```

运行结果如下：

```
100,10
100,10
```

程序说明

（1）在程序开头虽然定义了两个指针变量 pointer_1 和 pointer_2，但它们并未指向任何一个整型变量，只是提供了两个指针变量，规定它们可以指向整型变量。程序第 8、9 行的作用就是使 pointer_1 指向 a，使 pointer_2 指向 b，如图 6.7 所示。

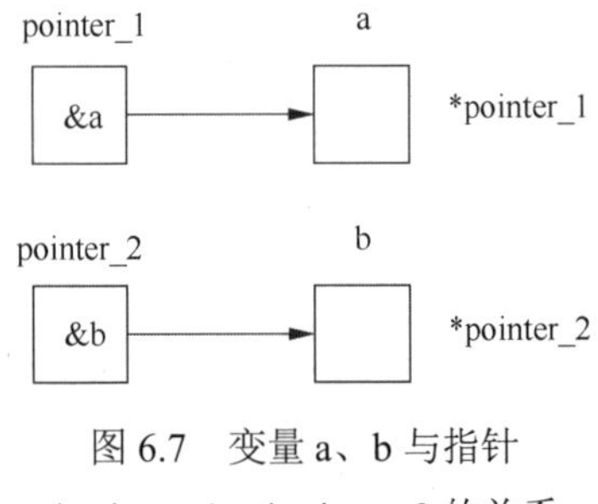

图 6.7　变量 a、b 与指针 *pointer_1、*pointer_2 的关系

（2）程序最后一行中的*pointer_1 和*pointer_2 就是变量 a 和 b。最后两个 printf 函数的作用是相同的。

（3）程序中有两处出现*pointer_1 和*pointer_2，请注意区分它们的含义。

（4）程序第 8、9 行中的 pointer_1=&a 和 pointer_2=&b 不能写成*pointer_1=&a 和*pointer_2=&b。

请对下面关于&和*的问题进行思考。

（1）如果程序已经执行了 pointer_1=&a;语句，那么&*pointer_1 的含义是什么？

（2）*&a 的含义是什么？

（3）(pointer_1)++和 pointer_1++有什么区别？

【例 6.2】输入 a 和 b 两个整数，按先大后小的顺序输出 a 和 b。

```
#include"stdio.h"
#include"string.h"
void main()
{
  int *p1,*p2,*p,a,b;
  scanf("%d,%d",&a,&b);
  p1=&a;p2=&b;
  if(a<b)
  {
```

```
    p=p1;p1=p2;p2=p;
  }
  printf("\na=%d,b=%d\n",a,b);
  printf("max=%d,min=%d\n",*p1, *p2);
}
```

假设输入 1 和 2，则运行结果如下：

```
a=1,b=2
max=2,min=1
```

6.2.2　指针变量作为函数参数使用

函数参数不仅可以是整型、浮点型、字符型等类型的数据，还可以是指针类型的数据，它的作用是将一个变量的地址传递到另一个函数中。

【例 6.3】题目同例 6.2 中的题目，即将输入的两个整数按先大后小的顺序输出。下面用函数进行处理，而且用指针类型的数据作为函数参数。

```
void swap(int *p1,int *p2)
{
    int temp;
    temp=*p1;
    *p1=*p2;
    *p2=temp;
}
void main()
{
    int a,b;
    int *pointer_1,*pointer_2;
    scanf("%d,%d",&a,&b);
    pointer_1=&a;pointer_2=&b;
    if(a<b) swap(pointer_1,pointer_2);
    printf("\n%d,%d\n",a,b);
}
```

假设输入 5 和 9，则运行结果如下：

```
9,5
```

程序说明

swap 是用户定义的函数，它的作用是交换两个变量（a 和 b）的值。swap 函数的形参 p1、p2 是指针变量。程序运行时，先执行 main 函数，输入 a 和 b 的值。然后将 a 和 b 的地址分别赋予指针变量 pointer_1 和 pointer_2，使 pointer_1 指向变量 a、pointer_2 指向变量 b，如图 6.8 所示。

接着执行 if 语句，由于 a<b，因此执行 swap 函数。注意实参 pointer_1 和 pointer_2 是指针变量，在进行函数调用时，将实参变量的值传递给形参变量。这里采取的依然是“值传递”方式。因此，虚实结合后，形参 p1 的值为&a，形参 p2 的值为&b。这时 p1 和 pointer_1 指向变量 a，p2 和 pointer_2 指向变量 b，如图 6.9 所示。

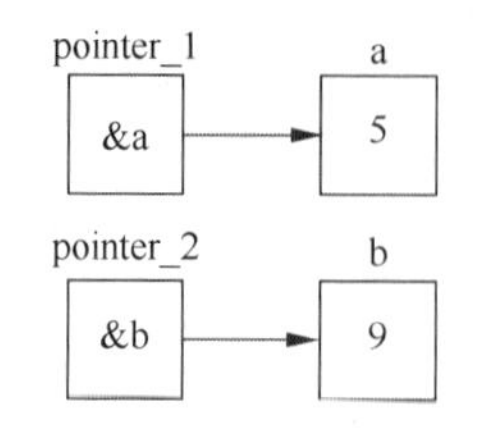

图 6.8　pointer_1 指向变量 a，pointer_2 指向变量 b

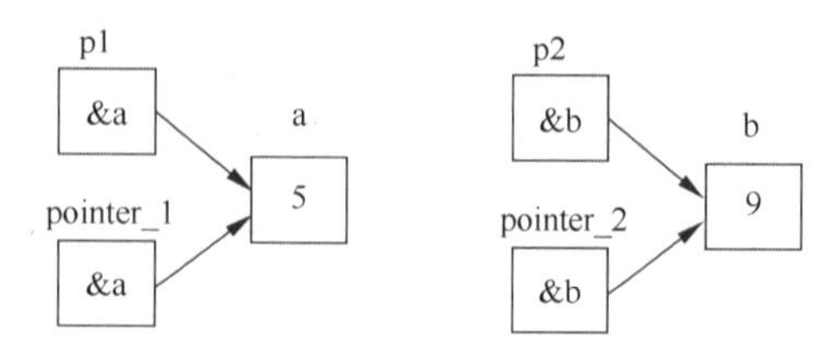

图 6.9　p1 和 pointer_1 指向变量 a，p2 和 pointer_2 指向变量 b

接着执行 swap 函数的函数体，使*p1 和*p2 的值互换，也就是使 a 和 b 的值互换，如图 6.10 所示。

函数调用结束后，p1 和 p2 不复存在（已被释放），如图 6.11 所示。

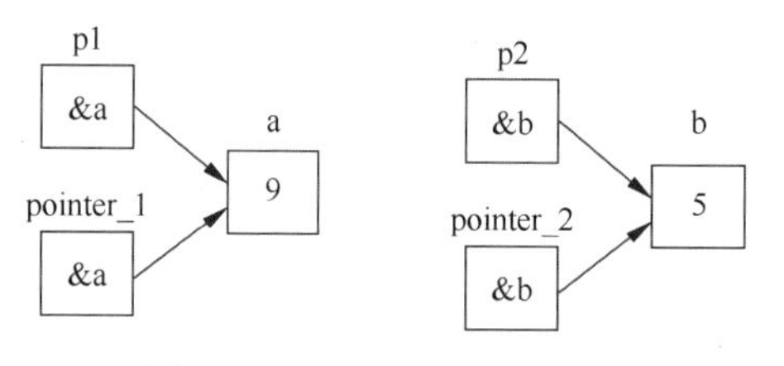

图 6.10　*p1 和*p2 的值互换

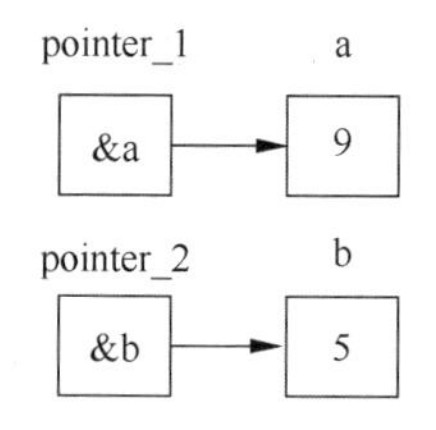

图 6.11　函数调用结束

最后在 main 函数中输出的 a 和 b 的值是经过交换的值。

请注意*p1 和*p2 的值互换是如何实现的。请找出下列程序段中的错误。

```
void swap(int *p1,int *p2)
{int *temp;
 *temp=*p1;                          /*此语句有问题*/
 *p1=*p2;
 *p2=temp;
}
```

请考虑下面的函数能否实现 a 和 b 的值互换。

```
void swap(int x,int y)
{int temp;
 temp=x;
 x=y;
 y=temp;
}
```

如果在 main 函数中使用 swap(a,b);语句调用 swap 函数，则结果如图 6.12 所示。

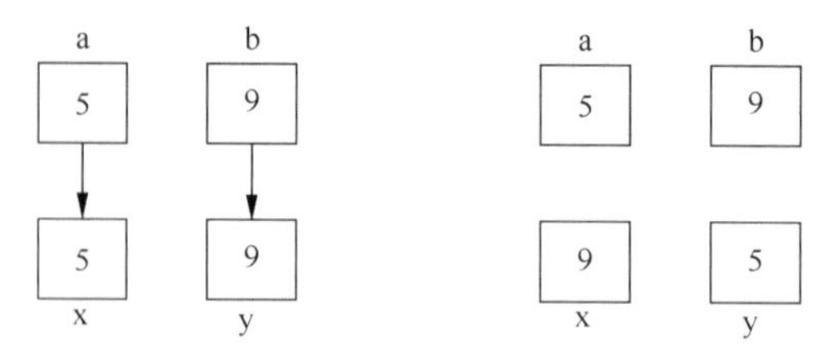

图 6.12　swap 函数的调用结果

【例 6.4】不能试图通过改变指针形参的值而使指针实参的值发生改变。

```
void swap(int *p1,int *p2)
```

```
{
  int *p;
  p=p1;
  p1=p2;
  p2=p;
}
void main()
{
  int a,b;
  int *pointer_1,*pointer_2;
  scanf("%d,%d",&a,&b);
  pointer_1=&a;pointer_2=&b;
  if(a<b) swap(pointer_1,pointer_2);
  printf("\n%d,%d\n",*pointer_1,*pointer_2);
}
```

其中的问题在于不能实现如图 6.13（d）所示的第四步。

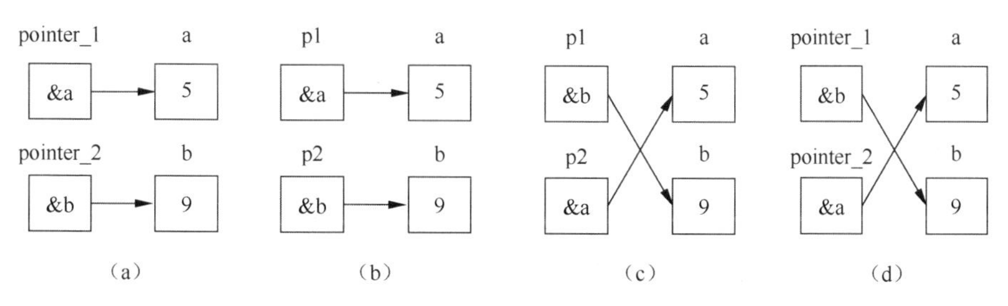

图 6.13　swap 函数的调用过程

项目模块

```
/*
模块编号：6.2
模块名称：统计各分数段人数模块
模块描述：接收班级每个学生的成绩，统计各分数段人数并返回
*/
void stat_ga(int *ps, int num, int *pa, int *pb, int *pc, int *pd, int *pe)
/*ps 是指向学生某门课程成绩数组的指针变量，num 代表班级人数，pa～pe 分别指向各分数段人数*/
{
  int i;
  for (i=0 ; i < num ;i++,ps++)      /*ps++的作用是使指针在数组中向下移动一个位置*/
    if (*ps < 60)
        (*pe)++;
    else if (*ps <70)
        (*pd)++
    else if (*ps <80)
        (*pc)++;
    else if (*ps<90)
        (*pb)++;
    else
```

```
        (*pa)++;
    }
```

在模块 6.2 中，我们利用指针变量作为函数形参，可以巧妙地把需要返回的数据通过间接修改的方式返回主调函数中。

6.2.3 指针变量问题的进一步说明

指针变量可以参与某些运算，但其参与运算的种类是有限的，它只能参与赋值运算和部分算术运算及关系运算。

1. 指针运算符

（1）取地址运算符“&”。取地址运算符“&”是单目运算符，其结合性为自右至左，其功能是取变量的地址。

（2）取内容运算符“*”。取内容运算符“*”是单目运算符，其结合性为自右至左，用来表示指针变量所指向的变量。“*”运算符后面跟的变量必须是指针变量。

需要注意的是，指针变量声明中的类型说明符“*”和指针运算符“*”不是一回事。在指针变量声明中，“*”是类型说明符，表示其后的变量属于指针类型；而表达式中出现的“*”则是取内容运算符，用来表示指针变量所指向的变量。

【例 6.5】输出指针变量的值。

```
void main(){
  int a=5,*p=&a;
  printf("%d",*p);
}
```

运行结果如下：

```
5
```

程序说明

本程序表示指针变量 p 取得了整型变量 a 的地址。printf("%d",*p);语句表示输出变量 a 的值。

2. 指针变量的运算

1）赋值运算

指针变量的赋值运算有以下几种形式。

（1）指针变量初始化赋值。

（2）把一个变量的地址赋予指向相同数据类型的指针变量。例如：

```
int a,*pa;
pa=&a;                                  /*把整型变量 a 的地址赋予整型指针变量 pa*/
```

（3）把一个指针变量的值赋予指向相同类型变量的另一个指针变量。例如：

```
int a,*pa=&a,*pb;
pb=pa;                                  /*把整型变量 a 的地址赋予整型指针变量 pb*/
```

由于 pa、pb 均为指向整型变量的指针变量，因此二者之间可以相互赋值。

（4）把数组的首地址赋予指向数组的指针变量。例如：

```
int a[5],*pa;
pa=a;
```

由于数组名表示数组的首地址，因此可以将其赋予指向数组的指针变量 pa。

也可以写为如下形式：

```
pa=&a[0];     /*数组中第一个元素的地址也是整个数组的首地址，也可以将其赋予指针变量 pa*/
```

当然，也可以采用指针变量初始化赋值的方法，如下所示：

```
int a[5],*pa=a;
```

（5）把字符串的首地址赋予指向字符类型变量的指针变量。例如：

```
char *pc;
pc="C Language";
```

也可以采用指针变量初始化赋值的方法，如下所示：

```
char *pc="C Language";
```

这里并不是把整个字符串装入指针变量中，而是把存放该字符串的字符数组的首地址装入指针变量中，后面还将详细介绍。

（6）把函数的入口地址赋予指向函数的指针变量。例如：

```
int (*pf)();
pf=f;                              /*f 为函数名*/
```

2）加、减算术运算

对于指向数组的指针变量，可以加上或减去一个整数 n。设 pa 是指向数组 a 的指针变量，则 pa+n、pa-n、pa++、++pa、pa--、--pa 运算都是合法的。指针变量加上或减去一个整数 n 的含义是把指针变量指向的当前位置（指向某数组元素）向前或向后移动 n 个位置。这里应该注意的是，数组指针变量向前或向后移动一个位置和地址加 1 或减 1 在概念上是不同的。因为数组可以有不同的类型，各种类型的数组元素所占的字节长度是不同的。如指针变量加 1，即向后移动一个位置，表示指针变量指向下一个数组元素的首地址，而不是在原地址的基础上加 1。例如：

```
int a[5],*pa;
pa=a;                              /*pa 指向数组 a，也就是指向 a[0]*/
pa=pa+2;                           /*pa 指向 a[2]，即 pa 的值为&pa[2]*/
```

指针变量的加、减运算只能针对数组指针变量进行，针对指向其他类型变量的指针变量做加、减运算是毫无意义的。

3）两个指针变量之间的运算

只有指向同一数组的两个指针变量之间才能进行运算，否则运算毫无意义。

（1）两个指针变量相减。两个指针变量相减所得之差是两个指针变量所指向的数组元素之间相差的元素个数，实际上是两个指针变量的值（地址）相减所得之差再除以该数组元素的长度（字节数）。例如，pf1 和 pf2 是指向同一浮点型数组的两个指针变量，设 pf1 的值为 2010H，pf2 的值为 2000H，而浮点型数组中每个元素占 4 字节，所以 pf1-pf2 的结果为(2010H-2000H)/4=4，表示 pf1 和 pf2 之间相差 4 个元素。但两个指针变量之间不能进行加法运算，例如，pf1+pf2 毫无意义。

（2）两个指针变量之间进行关系运算。指向同一数组的两个指针变量之间进行关系运算可以表示它们所指向数组元素之间的关系。例如，pf1==pf2 表示 pf1 和 pf2 指向同一数组元素；pf1>pf2 表示 pf1 处于高地址位置；pf1<pf2 表示 pf1 处于低地址位置。

指针变量还可以与 0 相比较。设 p 为指针变量，则 p==0 表示 p 是空指针，它不指向任何变量；p!=0 表示 p 不是空指针。空指针是通过给指针变量赋 0 值而得到的。

例如：

```
#define NULL 0
int *p=NULL;
```

给指针变量赋 0 值和不赋值是不同的。当指针变量未被赋值时，它可以取任意值，此时不能使用该指针变量，否则将会报错；而当指针变量被赋 0 值后，则可以使用该指针变量，只是它不指向具体的变量而已。

【例 6.6】使用指针变量进行基本运算。

```
void main(){
  int a=10,b=20,s,t,*pa,*pb;          /*声明pa、pb为整型指针变量*/
  pa=&a;                               /*给指针变量pa赋值，pa指向变量a*/
  pb=&b;                               /*给指针变量pb赋值，pb指向变量b*/
  s=*pa+*pb;                           /*求a+b之和（*pa就是a，*pb就是b）*/
  t=*pa**pb;                           /*求a*b之积*/
  printf("a=%d\nb=%d\na+b=%d\na*b=%d\n",a,b,a+b,a*b);
  printf("s=%d\nt=%d\n",s,t);
}
```

运行结果如下：

```
a=10
b=20
a+b=30
a*b=200
s=30
t=200
```

【例 6.7】使用指针变量求三个数中的最大值和最小值。

```
void main(){
  int a,b,c,*pmax,*pmin;                        /*声明pmax、pmin为整型指针变量*/
  printf("input three numbers:\n");             /*输入提示*/
  scanf("%d%d%d",&a,&b,&c);                     /*输入三个数*/
  if(a>b){                                      /*如果第一个数大于第二个数*/
    pmax=&a;                                    /*给指针变量pmax赋值*/
    pmin=&b;}                                   /*给指针变量pmin赋值*/
  else{
    pmax=&b;                                    /*给指针变量pmax赋值*/
    pmin=&a;}                                   /*给指针变量pmin赋值*/
  if(c>*pmax)  pmax=&c;                         /*判断并赋值*/
  if(c<*pmin)  pmin=&c;                         /*判断并赋值*/
  printf("max=%d\nmin=%d\n",*pmax,*pmin);       /*输出结果*/
}
```

运行结果如下：

```
input three numbers:
5 9 6
max=9
min=5
```

项目模块

```
/*
模块编号：6.3
模块名称：统计各分数段人数模块
模块描述：接收班级每个学生的成绩，统计各分数段人数并返回
*/
void stat_gal(int s[ ], int num ,int *q)/*s 是记录学生某门课程成绩的数组，num 代表班级人数，q 是指向学生某门课程成绩数组的指针变量*/
{
    int i,j;
    int *ps;
    int *pg[ ];                          /*定义一个指针数组 pg*/
    ps=s;                                /*使指针变量 ps 指向数组中的第一个元素*/
    for (i=0; i<5; i++)
      pg[i]=&q[i];                       /*使指针数组 pg 中的每个指针变量指向分数段数组中的对应元素*/
    for (i=0; i<num;i++,ps++)            /*ps++的作用是使指针在数组中向下移动一个位置*/
      if (*ps < 60)
          (*pg[4])++;
      else if (*ps <70)
          (*pg[3])++;
      else if (*ps <80)
          (*pg[2])++;
      else if (*ps<90)
          (*pg[1])++;
      else
          (*pg[0])++;
}
```

在模块 6.3 中，我们定义了指针变量 ps 指向数组 s，用来对数组元素进行访问；定义了指针数组 pg 来存放若干个指针变量，用来指向实参中代表分数段人数的各个变量并进行间接操作。

6.3　查询统计子系统数组指针知识基础

一个变量有一个地址，一个数组包含若干个元素，每个数组元素都占用一定的内存单元，它们都有相应的地址。所谓数组指针是指数组的起始地址（首地址），数组元素指针是指数组元素的首地址。

6.3.1　指向数组元素的指针和指针变量

一个数组是由一块连续的内存单元组成的，数组名就是这块连续内存单元的首地址。一个

数组也是由各个数组元素（下标变量）组成的，每个数组元素按其类型不同占用几个连续的内存单元。一个数组元素的首地址也是指它所占用的几个连续内存单元的首地址。

定义一个指向数组元素的指针变量的方法与前面介绍的定义指针变量的方法相同。

例如：

```
int a[10];                          /*定义 a 为包含 10 个整型数据的数组*/
int *p;                             /*定义 p 为指向整型变量的指针变量*/
```

应当注意，因为数组为整型，所以指针变量也应为指向整型变量的指针变量。下面给指针变量赋值，例如：

```
p=&a[0];
```

上述语句表示把 a[0]元素的地址赋予指针变量 p。也就是说，p 指向数组 a 中的第 0 号元素。

C 语言规定，数组名代表数组的首地址，也就是第 0 号元素的首地址。因此，下面两条语句是等价的。

```
p=&a[0];
p=a;
```

在定义指针变量的同时可以给其赋初值。例如：

```
int *p=&a[0];
```

上述语句等效于下面两条语句：

```
int *p;
p=&a[0];
```

当然，在定义指针变量时也可以写为如下形式：

```
int *p=a;
```

从图 6.14 中可以看出，p、a、&a[0]均指向同一内存单元，即数组 a 的首地址，也就是第 0 号元素 a[0]的首地址。需要注意的是，p 是变量，而 a、&a[0]都是常量。

数组指针变量声明的一般形式如下：

```
类型说明符  *指针变量名;
```

其中，类型说明符表示指针变量所指向数组的类型。从一般形式中可以看出，指向数组的指针变量和指向普通变量的指针变量的声明是相同的。

图 6.14　指针指向数组的首地址

6.3.2　通过指针变量引用数组元素

C 语言规定，如果指针变量 p 已指向数组中的一个元素，则 p+1 指向同一数组中的下一个元素。

如果指针变量 p 的初值为&a[0]，则：

（1）p+i 和 a+i 就是 a[i]的地址，或者说它们指向数组 a 中的第 i 个元素。

（2）*(p+i)或*(a+i)就是 p+i 或 a+i 所指向的数组元素，即 a[i]。例如，*(p+5)或*(a+5)就是 a[5]。

（3）指向数组的指针变量也可以带下标，如 p[i]与*(p+i)是等价的。

根据以上叙述，引用一个数组元素可以采用以下两种方法。

（1）下标法，即采用 a[i]形式访问数组元素。在前面介绍数组时采用的都是这种方法。

（2）指针法，即采用*(a+i)或*(p+i)形式，用间接访问的方式来访问数组元素，其中，a 是数组名，p 是指向数组的指针变量，其初值为 a。

【例 6.8】输出数组中的全部元素（下标法）。

```
#include"stdio.h"
void main(){
  int a[10],i;
  for(i=0;i<10;i++)
     a[i]=i;
  for(i=0;i<5;i++)
     printf("a[%d]=%d\n",i,a[i]);
}
```

运行结果如下：

```
a[0]=0
a[1]=1
a[2]=2
a[3]=3
a[4]=4
```

【例 6.9】输出数组中的全部元素（通过数组名计算数组元素的地址，找出数组元素的值）。

```
#include"stdio.h"
void main(){
int a[10],i;
for(i=0;i<10;i++)
  *(a+i)=i;
for(i=0;i<10;i++)
  printf("a[%d]=%d\n",i,*(a+i));
}
```

运行结果如下：

```
a[0]=0
a[1]=1
a[2]=2
a[3]=3
a[4]=4
a[5]=5
a[6]=6
a[7]=7
a[8]=8
a[9]=9
```

【例 6.10】输出数组中的全部元素（用指针变量指向数组元素）。

```
#include"stdio.h"
void main(){
  int a[10],i,*p;
```

```
  p=a;
  for(i=0;i<10;i++)
    *(p+i)=i;
  for(i=0;i<10;i++)
    printf("a[%d]=%d\n",i,*(p+i));
}
```

运行结果如下：

```
a[0]=0
a[1]=1
a[2]=2
a[3]=3
a[4]=4
a[5]=5
a[6]=6
a[7]=7
a[8]=8
a[9]=9
```

还可以采用如下方法输出数组中的全部元素。

```
#include"stdio.h"
void main(){
  int a[10],i,*p=a;
  for(i=0;i<10;){
    *p=i;
    printf("a[%d]=%d\n",i++,*p++);
  }
}
```

运行结果如下：

```
a[0]=0
a[1]=1
a[2]=2
a[3]=3
a[4]=4
a[5]=5
a[6]=6
a[7]=7
a[8]=8
a[9]=9
```

需要注意以下两个问题。

（1）指针变量可以实现本身值的改变。例如，p++是合法的，而a++是错误的。因为a是数组名，它代表数组的首地址，是一个常量。

（2）要注意指针变量的当前值。请看下面两个例子。

【例 6.11】 找出程序中的错误。

```
#include"stdio.h"
```

```
void main(){
  int *p,i,a[10];
  p=a;
  for(i=0;i<10;i++)
    *p++=i;
  for(i=0;i<10;i++)
    printf("a[%d]=%d\n",i,*p++);
}
```

【例 6.12】改正例 6.11 中的错误。

```
#include"stdio.h"
void main(){
  int *p,i,a[10];
  p=a;
  for(i=0;i<10;i++)
     *p++=i;
  p=a;
  for(i=0;i<10;i++)
     printf("a[%d]=%d\n",i,*p++);
}
```

运行结果如下：

```
a[0]=0
a[1]=1
a[2]=2
a[3]=3
a[4]=4
a[5]=5
a[6]=6
a[7]=7
a[8]=8
a[9]=9
```

从例 6.11 和例 6.12 中可以看出，虽然定义数组时指定它包含 10 个元素，但指针变量可以指向数组以后的内存单元，而系统并不认为非法。注意：

（1）由于++和*的优先级相同，结合性都是自右至左，所以*p++等价于*(p++)。

（2）*(p++)与*(++p)的作用不同。如果 p 的初值为 a，则*(p++)等价于 a[0]，而*(++p)等价于 a[1]。

（3）(*p)++表示 p 所指向的元素值加 1。

（4）如果 p 当前指向数组 a 中的第 i 个元素，则*(p--)等价于 a[i--]，*(++p)等价于 a[++i]，*(--p)等价于 a[--i]。

6.3.3　数组名作为函数参数使用

数组名可以作为函数的实参和形参使用。例如：

```
void main()
{int array[10];
```

```
    ……
    ……
 void f(array,10);
    ……
    ……
}

void f(int arr[],int n)
{
    ……
    ……
}
```

其中，array为实参数组名，arr为形参数组名。我们学习了指针变量之后就更容易理解这个问题了。数组名代表数组的首地址，实参向形参传递数组名实际上就是传递数组的首地址，形参得到该地址后也指向同一数组。这就好像同一个物品有两个不同的名称。

同样，指针变量的值也是地址，数组指针变量的值就是数组的首地址，当然也可以作为函数参数使用。

【例6.13】使用指针变量计算平均分。

```
#include"stdio.h"
float aver(float *pa);
void main(){
  float sco[5],av,*sp;
  int i;
  sp=sco;
  printf("\ninput 5 scores:\n");
  for(i=0;i<5;i++) scanf("%f",&sco[i]);
  av=aver(sp);
  printf("average score is %5.2f",av);
}
float aver(float *pa)
{
  int i;
  float av,s=0;
  for(i=0;i<5;i++) s=s+*pa++;
  av=s/5;
  return av;
}
```

假设输入5个成绩90、67、55、89、74，则运行结果如下：

```
input 5 scores:
90
67
55
89
74
average score is 75.00
```

【例6.14】将数组a中的n个整数按相反顺序存放。

算法为：先将a[0]与a[n−1]互换，再将a[1]与a[n−2]互换，依次类推，直到将a[(n−1/2)]与a[n−int((n−1)/2)]互换为止。现用循环处理此问题，设两个“位置指示变量”i和j，i的初值为0，j的初值为n−1。先将a[i]与a[j]互换，i的值加1、j的值减1后，再将a[i]与a[j]互换，直到i=(n−1)/2为止，如图6.15所示。

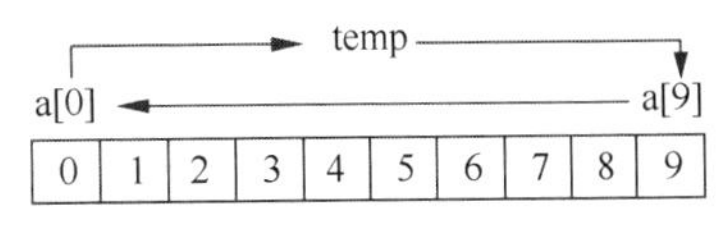

图6.15　元素互换

```
#include"stdio.h"
void inv(int x[],int n)                    /*形参x是数组名*/
{
 int temp,i,j,m=(n-1)/2;
 for(i=0;i<=m;i++)
 {
   j=n-1-i;
   temp=x[i];x[i]=x[j];x[j]=temp;
  }
}
void main()
{
 int i,a[10]={0,1,2,3,4,5,6,7,8,9};
 printf("The original array:\n");
 for(i=0;i<10;i++)
   printf("%d,",a[i]);
 printf("\n");
 inv(a,10);
 printf("The array has been inverted:\n");
 for(i=0;i<10;i++)
    printf("%d,",a[i]);
 printf("\n");
}
```

运行结果如下：

```
The original array:
0 1 2 3 4 5 6 7 8 9
The array has been inverted:
9 8 7 6 5 4 3 2 1 0
```

【例6.15】对例6.14做一些改动，将函数inv的形参x改为指针变量。

```
#include"stdio.h"
void inv(int *x,int n)                    /*形参x是指针变量*/
{
    int *p,temp,*i,*j,m=(n-1)/2;
    i=x;j=x+n-1;p=x+m;
    for(;i<=p;i++,j--)
    {temp=*i;*i=*j;*j=temp;}
    return;
```

```
}
void main()
{
    int i,a[10]={0,1,2,3,4,5,6,7,8,9};
    printf("The original array:\n");
    for(i=0;i<10;i++)
        printf("%d,",a[i]);
    printf("\n");
    inv(a,10);
    printf("The array has been inverted:\n");
    for(i=0;i<10;i++)
        printf("%d,",a[i]);
    printf("\n");
}
```

运行结果与例6.14中程序的运行结果相同。

【例6.16】从n个数中找出最大值和最小值。调用一个函数只能得到一个返回值，现用全局变量在函数之间传递数据。

```
#include"stdio.h"
int max,min;                              /*全局变量*/
void max_min_value(int array[],int n)
{
  int *p,*array_end;
  array_end=array+n;
  max=min=*array;
  for(p=array+1;p<array_end;p++)
    if(*p>max)
      max=*p;
    else
      if(*p<min)
        min=*p;
}
void main()
{
  int i,number[10];
  printf("enter 10 integer umbers:\n");
  for(i=0;i<10;i++)
    scanf("%d",&number[i]);
  max_min_value(number,10);
  printf("\nmax=%d,min=%d\n",max,min);
}
```

假设输入“1 2 3 4 5 6 7 8 9 10”，则运行结果如下：

```
enter 10 integer umbers:
1 2 3 4 5 6 7 8 9 10
max=10,min=1
```

程序说明

（1）把在函数 max_min_value 中求出的最大值和最小值分别存放在变量 max 和 min 中。由于 max 和 min 是全局变量，因此在主函数中可以直接使用它们。

（2）来看函数 max_min_value 中的一条语句，如下所示：

```
max=min=*array;
```

其中，array 是数组名，它接收从实参传来的数组 number 的首地址。*array 相当于 *(&array[0])。上述语句与 max=min=array[0];是等价的。

（3）在执行 for 循环时，p 的初值为 array+1，也就是使 p 指向 array[1]。以后每次执行 p++，都将使 p 指向下一个数组元素。每次将*p 和 max 与 min 相比较，都将大者放入 max 中，将小者放入 min 中。

（4）可以将函数 max_min_value 的形参 array 改为指针变量。实参也可以不用数组名，而用指针变量传递地址。

【例 6.17】对例 6.16 做一些改动，将函数 max_min_value 的形参 array 改为指针变量。

```
#include"stdio.h"
int max,min;                                    /*全局变量*/
void max_min_value(int *array,int n)
{
  int *p,*array_end;
  array_end=array+n;
  max=min=*array;
  for(p=array+1;p<array_end;p++)
    if(*p>max) max=*p;
    else if (*p<min) min=*p;
}
void main()
{
  int i,number[10],*p;
  p=number;                                     /*使 p 指向数组 number*/
  printf("enter 10 integer umbers:\n");
  for(i=0;i<10;i++,p++)
    scanf("%d",p);
  p=number;
  max_min_value(p,10);
  printf("\nmax=%d,min=%d\n",max,min);
}
```

运行结果与例 6.16 中程序的运行结果相同。

归纳起来，如果有一个实参数组，想在函数中改变此数组中各元素的值，那么实参与形参的对应关系有以下 4 种。

（1）形参和实参都为数组。

```
f(int x[],int n)
{
 ……
}
```

```
void main()
{int a[10];
  ……
 f(a,10);
  ……
}
```

其中，a 和 x 指的是同一个数组。

（2）实参为数组，形参为指针变量。

```
f(int *x,int n)
{
 ……
}
void main()
{int a[10];
  ……
 f(a,10);
  ……
}
```

（3）实参和形参都为指针变量。

```
f(int *x,int n)
{
 ……
}
void main()
{int *p;
  ……
 f(p,10);
  ……
}
```

（4）实参为指针变量，形参为数组。

```
f(int a[],int n)
{
 ……
}
void main()
{int *p;
  ……
 f(p,10);
  ……
}
```

【例 6.18】用实参指针变量改写例 6.14 中的程序。

```
#include"stdio.h"
void inv(int *x,int n)
{
```

```
    int *p,m,temp,*i,*j;
    m=(n-1)/2;
    i=x;j=x+n-1;p=x+m;
    for(;i<=p;i++,j--)
    {temp=*i;*i=*j;*j=temp;}
}
void main()
{
    int i,arr[10]={0,1,2,3,4,5,6,7,8,9},*p;
    p=arr;
    printf("The original array:\n");
    for(i=0;i<10;i++,p++)
      printf("%d,",*p);
    printf("\n");
    p=arr;
    inv(p,10);
    printf("The array has been inverted:\n");
    for(p=arr;p<arr+10;p++)
      printf("%d,",*p);
    printf("\n");
}
```

注意：main 函数中的指针变量 p 是有确定值的。也就是说，如果用指针变量作为函数实参，则必须先使该指针变量有确定值，即指向一个已定义的数组。

运行结果如下：

```
The original array:
0 1 2 3 4 5 6 7 8 9
The array has been inverted:
9 8 7 6 5 4 3 2 1 0
```

【例 6.19】用选择法对 10 个整数进行排序。

```
#include"stdio.h"
void main()
{
    int *p,i,a[10]={0,1,2,3,4,5,6,7,8,9};
    printf("The original array:\n");
    for(i=0;i<10;i++)
        printf("%d,",a[i]);
    printf("\n");
    p=a;
    sort(p,10);
    for(p=a,i=0;i<10;i++)
    {printf("%d  ",*p);p++;}
    printf("\n");
}
void sort(int x[],int n)
{
    int i,j,k,t;
```

```
    for(i=0;i<n-1;i++)
    {
    k=i;
    for(j=i+1;j<n;j++)
        if(x[j]>x[k])  k=j;
    if(k!=i)
        {t=x[i];x[i]=x[k];x[k]=t;}
    }
}
```

运行结果如下：

```
The original array:
0,1,2,3,4,5,6,7,8,9
9  8  7  6  5  4  3  2  1  0
```

程序说明

在本程序中，函数 sort 用数组名作为形参。也可以改用指针变量作为形参，这时函数的首部可以改为如下形式，而其他部分可以一律不变。

```
sort(int *x,int n)
```

6.3.4 指向多维数组的指针和指针变量

本节以二维数组为例介绍指向多维数组的指针和指针变量。

1．多维数组的地址

设有如下整型二维数组 a[3][4]：

0　1　2　3

4　5　6　7

8　9　10　11

该数组的定义如下：

```
int a[3][4]={{0,1,2,3},{4,5,6,7},{8,9,10,11}};
```

数组a

a[0] 1000 →	0	1	2	3
a[1] 1008 →	4	5	6	7
a[2] 1016 →	8	9	10	11

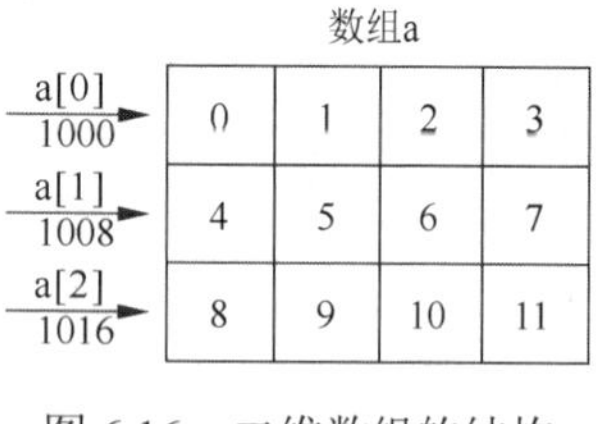

图 6.16　二维数组的结构

设二维数组 a 的首地址为 1000。前面介绍过，C 语言允许把一个二维数组分解为多个一维数组来处理。因此，我们可以把二维数组 a 分解为三个一维数组，即 a[0]、a[1]、a[2]，每个一维数组又含有 4 个元素，比如 a[0]数组就含有 a[0][0]、a[0][1]、a[0][2]、a[0][3] 4 个元素，如图 6.16 所示。

数组及数组元素的地址表示如下：

从二维数组的角度来看，a 是二维数组名，它代表整个二维数组的首地址，也就是二维数组 a 第 0 行的首地址，等于 1000。a[0]是第一个一维数组的数组名，它代表第一个一维数组的首地址，也等于 1000。*(a+0)或*a 与 a[0]是等效的，代表一维数组 a[0]中第 0 号元素的首地址，也等于 1000。&a[0][0]代表二维数组 a 中第 0 行第 0 列元素的首地址，同样等于 1000。因此，a、a[0]、*(a+0)、*a、&a[0][0]是等效的。

同理，a+1 代表二维数组 a 第 1 行的首地址，等于 1008。a[1]是第二个一维数组的数组名，它代表第二个一维数组的首地址，也等于 1008。&a[1][0]代表二维数组 a 中第 1 行第 0 列元素的首地址，也等于 1008。因此，a+1、a[1]、*(a+1)、&a[1][0]是等效的。

由此可以得出，a+i、a[i]、*(a+i)、&a[i][0]是等效的。

此外，&a[i]和 a[i]也是等效的。因为在二维数组中不能把&a[i]理解为元素 a[i]的首地址，不存在元素 a[i]。C 语言规定，&a[i]是一种地址计算方法，代表二维数组 a 第 i 行的首地址。由此可以得出，a[i]、&a[i]、*(a+i)、a+i 也是等效的。

另外，a[0]也可以被看成 a[0]+0，代表一维数组 a[0]中第 0 号元素的首地址，而 a[0]+1 则代表一维数组 a[0]中第 1 号元素的首地址。由此可以得出，a[i]+j 代表一维数组 a[i]中第 j 号元素的首地址，它等效于&a[i][j]。

由 a[i]=*(a+i)可得 a[i]+j=*(a+i)+j。由于*(a+i)+j 代表二维数组 a 中第 i 行第 j 列元素的首地址，所以该元素的值等于*(*(a+i)+j)。

【例 6.20】体会地址与值的输出。

```
#include"stdio.h"
void main(){
  int a[3][4]={0,1,2,3,4,5,6,7,8,9,10,11};
  printf("%d,",a);
  printf("%d,",*a);
  printf("%d,",a[0]);
  printf("%d,",&a[0]);
  printf("%d\n",&a[0][0]);
  printf("%d,",a+1);
  printf("%d,",*(a+1));
  printf("%d,",a[1]);
  printf("%d,",&a[1]);
  printf("%d\n",&a[1][0]);
  printf("%d,",a+2);
  printf("%d,",*(a+2));
  printf("%d,",a[2]);
  printf("%d,",&a[2]);
  printf("%d\n",&a[2][0]);
  printf("%d,",a[1]+1);
  printf("%d\n",*(a+1)+1);
  printf("%d,%d\n",*(a[1]+1),*(*(a+1)+1));
}
```

运行结果如下：

```
6356688,6356688,6356688,6356688,6356688
6356704,6356704,6356704,6356704,6356704
6356720,6356720,6356720,6356720,6356720
6356708,6356708
5,5
```

2. 指向多维数组的指针变量

把二维数组 a 分解为一维数组 a[0]、a[1]、a[2]之后，设 p 为指向二维数组的指针变量，可以进行如下定义：

```
int (*p)[4];
```

上述语句表示 p 是一个指针变量，它指向包含 4 个元素的一维数组。若 p 指向第一个一维数组 a[0]，则其值等于 a、a[0]或&a[0][0]的值。而 p+i 则指向一维数组 a[i]。从前面的分析中可知，*(p+i)+j 代表二维数组中第 i 行第 j 列元素的首地址，而*(*(p+i)+j)则代表二维数组中第 i 行第 j 列元素的值。

二维数组指针变量声明的一般形式如下：

```
类型说明符 (*指针变量名)[长度];
```

其中，类型说明符表示指针变量所指向数组的类型；*表示其后的变量是指针变量；长度表示把二维数组分解为多个一维数组时一维数组的长度，也就是二维数组的列数。应该注意的是，“(*指针变量名)”两边的圆括号不可少，如果缺少圆括号，则表示指针数组（在本章后面介绍），意义就完全不同了。

【例 6.21】利用指针变量输出二维数组。

```
#include"stdio.h"
void main(){
  int a[3][4]={0,1,2,3,4,5,6,7,8,9,10,11};
  int(*p)[4];
  int i,j;
  p=a;
  for(i=0;i<3;i++)
  {
    for(j=0;j<4;j++)
      printf("%2d  ",*(*(p+i)+j));
    printf("\n");
  }
}
```

运行结果如下：

```
 0   1   2   3
 4   5   6   7
 8   9  10  11
```

6.4 查询统计子系统字符串指针知识基础

6.4.1 字符串的表示形式

在 C 语言中，可以用两种方法访问一个字符串。

（1）先用字符数组存放一个字符串，然后输出该字符串。

【例 6.22】利用字符数组输出字符串。

```
void main(){
char string[]="I love China!";
printf("%s\n",string);
}
```

程序说明

和前面介绍的数组的属性一样，string 是数组名，它代表字符数组的首地址。

（2）用字符串指针指向一个字符串。

【例 6.23】利用字符串指针输出字符串。

```
#include"stdio.h"
void main(){
  char *string="I love China!";
  printf("%s\n",string);
}
```

运行结果如下：

```
I love China!
```

指向字符串和指向字符变量的指针变量的定义是相同的，只能按给指针变量的赋值不同来加以区分。应赋予指向字符变量的指针变量该字符变量的地址。

例如，下述语句表示 p 是一个指向字符变量 c 的指针变量。

```
char c,*p=&c;
```

而下述语句则表示 s 是一个指向字符串的指针变量，并把字符串的首地址赋予 s。

```
char *s="I love China!";
```

在例 6.23 中，首先定义 string 是一个字符串指针变量，然后把字符串的首地址赋予 string（应写出整个字符串，以便编译系统把该字符串装入一块连续的内存单元中）。程序中的语句

```
char *string="I love China!";
```

等效于

```
char *string;
string ="I love China!";
```

【例 6.24】输出字符串中 n 个字符后的所有字符。

```
#include"stdio.h"
void main(){
char *ps="this is a book";
int n=10;
ps=ps+n;
printf("%s\n",ps);
}
```

运行结果如下：

```
book
```

程序说明

在本程序中，对 ps 进行初始化就是把字符串的首地址赋予 ps。当 ps=ps+10 之后，ps 指向字符'b'，因此输出为“book”。

【例 6.25】在输入的字符串中查找有无字符'k'。

```
#include"stdio.h"
void main(){
```

```
  char st[20],*ps;
  int i;
  printf("input a string:\n");
  ps=st;
  scanf("%s",ps);
  for(i=0;ps[i]!='\0';i++)
    if(ps[i]=='k'){
      printf("there is a 'k' in the string\n");
      break;
    }
  if(ps[i]=='\0') printf("There is no 'k' in the string\n");
}
```

运行结果如下：

```
input a string:
book
there is a 'k' in the string
```

【例 6.26】使指针变量指向一个格式控制字符串，用在 printf 函数中，用于输出二维数组的各种地址表示的值。但在下述 printf 语句中用指针变量 PF 代替了格式控制字符串，这也是程序中常用的方法。

```
#include"stdio.h"
void main(){
  static int a[3][4]={0,1,2,3,4,5,6,7,8,9,10,11};
  char *PF;
  PF="%d,%d,%d,%d,%d\n";
  printf(PF,a,*a,a[0],&a[0],&a[0][0]);
  printf(PF,a+1,*(a+1),a[1],&a[1],&a[1][0]);
  printf(PF,a+2,*(a+2),a[2],&a[2],&a[2][0]);
  printf("%d,%d\n",a[1]+1,*(a+1)+1);
  printf("%d,%d\n",*(a[1]+1),*(*(a+1)+1));
}
```

运行结果如下：

```
4202496,4202496,4202496,4202496,4202496
4202512,4202512,4202512,4202512,4202512
4202528,4202528,4202528,4202528,4202528
4202516,4202516
5,5
```

【例 6.27】字符串指针变量作为函数参数使用。要求把一个字符串的内容复制到另一个字符串中，并且不能使用 strcpy 函数。函数 cpystr 的形参为两个字符串指针变量，其中 pss 指向源字符串，pds 指向目标字符串。注意表达式(*pds=*pss)!='\0'的用法。

```
#include"stdio.h"
void cpystr(char *pss,char *pds){
  while((*pds=*pss)!='\0'){
      pds++;
```

```
    pss++; }
 }
void main(){
  char *pa="CHINA",b[10],*pb;
  pb=b;
  cpystr(pa,pb);
  printf("string a=%s\nstring b=%s\n",pa,pb);
}
```

运行结果如下：

```
string a=CHINA
string b=CHINA
```

程序说明

在本程序中完成了两项工作：一是把 pss 指向的源字符串复制到 pds 指向的目标字符串中；二是判断所复制的字符是否为'\0'，若是，则表明源字符串结束，不再循环，否则 pds 和 pss 都加 1，指向下一个字符。在主函数中，使用指针变量 pa、pb 作为实参，分别取得确定值后调用 cpystr 函数。由于我们采用的指针变量 pa 和 pss、pb 和 pds 均指向同一个字符串，因此在主函数和 cpystr 函数中均可使用这些字符串。也可以把 cpystr 函数简化为以下形式：

```
cpystr(char *pss,char*pds)
{while((*pds++=*pss++)!='\0');}
```

上述语句的含义是把指针的移动和赋值合并在一条语句中。进一步分析还可以发现，'\0'对应的 ASCII 码为 0，对于 while 语句而言，只要表达式的值为非 0 的数值就继续循环，为 0 则结束循环，因此，也可以省去!='\0'这一判断部分，改写为如下形式：

```
cpystr(char *pss,char *pds)
{while(*pds++=*pss++);}
```

上述语句的含义是源字符串向目标字符串赋值，移动指针，若所赋值为非 0 的数值，则继续循环，否则结束循环。经过这样的修改，程序显得更加简洁。

【例 6.28】简化后的程序。

```
#include<stdio.h>
void cpystr(char *pss,char *pds){
    while(*pds++=*pss++);
}
void main(){
    char *pa="CHINA",b[10],*pb;
    pb=b;
    cpystr(pa,pb);
    printf("string a=%s\nstring b=%s\n",pa,pb);
}
```

运行结果如下：

```
string a=CHINA
string b=CHINA
```

6.4.2 使用字符串指针变量和字符数组的区别

虽然使用字符串指针变量和字符数组都可以实现字符串的存储和运算，但两者是有区别的，在使用时应注意以下几个问题。

（1）字符串指针变量本身是一个变量，用于存放字符串的首地址。而字符数组是由若干个数组元素组成的，它可以用来存放整个字符串。

（2）下述字符串指针变量的使用方式

```
char *ps="C Language";
```

可以改写为如下形式：

```
char *ps;
ps="C Language";
```

而下述字符数组的使用方式

```
static char st[]={"C Language"};
```

不能改写为如下形式：

```
char st[20];
st={"C Language"};
```

只能给字符数组中的各元素逐个赋值。

前面说过，一个指针变量在未取得确定地址之前使用是很危险的，容易引起错误。但是，给指针变量直接赋值是可以的，因为编译系统给指针变量赋值时要给予其确定地址。

6.5 查询统计子系统函数指针知识基础

在C语言中，一个函数总是占用一块连续的内存单元，而函数名就代表该函数所占内存单元的首地址。我们可以把函数的首地址（或称入口地址）赋予一个指针变量，使该指针变量指向该函数，之后通过该指针变量就可以找到并调用这个函数。我们把这种指向函数的指针变量称为函数指针变量。

函数指针变量定义的一般形式如下：

```
类型说明符 (*指针变量名)();
```

其中，类型说明符表示被指函数的返回值的类型；(*指针变量名)表示*后面的变量是指针变量；最后的空圆括号表示指针变量所指向的是一个函数。

例如：

```
int (*pf)();
```

上述语句表示pf是一个指向函数入口地址的指针变量，该函数的返回值（函数值）是整型变量。

【例6.29】用指针形式实现对函数的调用。

```
#include<stdio.h>
int max(int a,int b){
  if(a>b)return a;
  else return b;
```

```
}
void main(){
  int max(int a,int b);
  int(*pmax)();
  int x,y,z;
  pmax=max;
  printf("input two numbers:\n");
  scanf("%d%d",&x,&y);
  z=(*pmax)(x,y);
  printf("maxmum=%d",z);
}
```

运行结果如下：

```
input two numbers:
1 2
maxmum=2
```

程序说明

从本程序中可以看出，用函数指针变量形式调用函数的步骤如下：

（1）定义函数指针变量，如程序中第 8 行 int (*pmax)();定义 pmax 为函数指针变量。

（2）把被调函数的入口地址（函数名）赋予该函数指针变量，如程序中第 10 行 pmax=max;。

（3）用函数指针变量形式调用函数，如程序中第 13 行 z=(*pmax)(x,y);。

用函数指针变量形式调用函数的一般形式如下：

```
(*指针变量名)(实参表)
```

使用函数指针变量还应注意以下两点：

（1）与数组指针变量不同的是，函数指针变量不能参与算术运算。数组指针变量加上或减去一个整数可使指针指向后面或前面的数组元素，而函数指针的移动是毫无意义的。

（2）函数调用中“(*指针变量名)”两边的圆括号不可少，其中的“*”不应理解为求值运算，在此处它只是一种标识符号。

6.6　查询统计子系统指针型函数知识基础

前面介绍过，函数类型是指函数返回值的类型。在 C 语言中，允许一个函数的返回值是一个指针（地址），这种返回指针值的函数被称为指针型函数。

指针型函数定义的一般形式如下：

```
类型说明符 *函数名(形参表)
{
    ……                                          /*函数体*/
}
```

其中，在函数名之前加上星号“*”表示这是一个指针型函数，即函数的返回值是一个指针；类型说明符表示返回的指针所指向变量的数据类型。

例如：

```
int *ap(int x,int y)
```

```
{
    ......                                        /*函数体*/
}
```

上述语句表示 ap 是一个返回指针值的指针型函数，它返回的指针指向一个整型变量。

【例 6.30】利用指针型函数输入一个 1~7 之间的整数，输出对应的星期名。

```
#include<stdio.h>
void main(){
  int i;
  char *day_name(int n);
  printf("input Day No:\n");
  scanf("%d",&i);
  if(i<0) exit(1);
  printf("Day No:%2d-->%s\n",i,day_name(i));
}
char *day_name(int n){
  static char *name[]={"Illegal day",
               "Monday",
               "Tuesday",
               "Wednesday",
               "Thursday",
               "Friday",
               "Saturday",
               "Sunday"};
return((n<1||n>7) ? name[0] : name[n]);
}
```

假设输入“3”，则运行结果如下：

```
input Day No:
3
Day No: 3-->Wednesday
```

程序说明

在本程序中定义了一个指针型函数 day_name，它返回的指针指向一个字符串。在 day_name 函数中定义了一个静态指针数组 name，该数组被初始化赋值为 8 个字符串，分别表示各星期名及出错提示；形参 n 表示与星期名所对应的整数。在主函数中，把输入的整数 i 作为实参，在 printf 语句中调用 day_name 函数并把 i 值传递给形参 n。day_name 函数的 return 语句中包含一个条件表达式，其含义是，如果 n 值大于 7 或小于 1，则把 name[0]指针返回主函数，输出出错提示字符串"Illegal day"；否则返回主函数，输出对应的星期名。第 7 行是一个条件语句，其含义是，如果输入的值为负数（i<0），则终止程序运行并退出程序。exit 是一个库函数，exit(1)表示发生错误后退出程序，exit(0)表示正常退出程序。

应该特别注意函数指针变量和指针型函数在写法和意义上的区别，如 int (*p)()和 int *p()是两个完全不同的量。

int (*p)()是变量声明，声明 p 是一个指向函数入口地址的指针变量，该函数的返回值是整型变量，(*p)两边的圆括号不可少。

int *p()不是变量声明，而是函数声明，声明 p 是一个指针型函数，其返回值是一个指向整型变量的指针，*p 两边没有圆括号。作为函数声明，在圆括号内最好写入形参，以便区别于变量声明。

对于指针型函数的定义，int *p()只是函数头部分，一般还应有函数体部分。

6.7　查询统计子系统指针数组知识基础

6.7.1　指针数组的概念

如果一个数组中的元素值为指针，则称之为指针数组。指针数组是一组有序指针的集合。指针数组中的所有元素必须是具有相同存储类型和指向相同数据类型变量的指针变量。

指针数组声明的一般形式如下：

```
类型说明符 *数组名[数组长度];
```

其中，类型说明符表示指针所指向变量的数据类型。

例如：

```
int *pa[3];
```

上述语句表示 pa 是一个指针数组，它有三个数组元素，每个元素值都是一个指向整型变量的指针。

【例 6.31】通常可用一个指针数组来指向一个二维数组。指针数组中的每个元素被赋予二维数组每一行的首地址，因此也可理解为每个数组元素指向一个一维数组。

```
#include<stdio.h>
void main(){
  int a[3][3]={1,2,3,4,5,6,7,8,9};
  int *pa[3]={a[0],a[1],a[2]};
  int *p=a[0];
  int i;
  for(i=0;i<3;i++)
     printf("%d,%d,%d\n",a[i][2-i],*a[i],*(*(a+i)+i));
  for(i=0;i<3;i++)
     printf("%d,%d,%d\n",*pa[i],p[i],*(p+i));
}
```

运行结果如下：

```
3,1,1
5,4,5
7,7,9
1,1,1
4,2,2
7,3,3
```

程序说明

在本程序中，首先定义 pa 是一个指针数组，三个数组元素分别指向二维数组 a 的各行；然后使用循环语句输出指定的数组元素。其中，*a[i]表示第 i 行第 0 列的元素值；*(*(a+i)+i)表示第 i 行第 i 列的元素值；*pa[i]也表示第 i 行第 0 列的元素值；由于 p 与 a[0]的值相同，故 p[i]表示第 0 行第 i 列的元素值；*(p+i)也表示第 0 行第 i 列的元素值。读者可仔细体会元素值的不同表示方法。

应该注意二维数组指针变量和指针数组的区别。两者虽然都可用来表示二维数组，但是其表示方法和意义是不同的。

二维数组指针变量是单个变量，其一般形式中“(*指针变量名)”两边的圆括号不可少。而指针数组表示的是多个指针（一组有序指针），其一般形式中“*数组名”两边不能有圆括号。

例如：

```
int (*p)[3];
```

上述语句表示 p 是一个指向二维数组的指针变量，该二维数组的列数为 3 或分解为一维数组的长度为 3。

```
int *p[3];
```

上述语句表示 p 是一个指针数组，它的三个数组元素 p[0]、p[1]、p[2]均为指针变量。

指针数组也常用来表示一组字符串，这时指针数组中的每个元素被赋予一个字符串的首地址。指向字符串的指针数组的初始化更为简单。例如，在例 6.30 中就使用指针数组来表示一组字符串，其初始化赋值如下：

```
char *name[]={"Illegal day",
       "Monday",
       "Tuesday",
       "Wednesday",
       "Thursday",
       "Friday",
       "Saturday",
       "Sunday"};
```

完成初始化赋值之后，name[0]指向字符串"Illegal day"，name[1]指向字符串"Monday"，依次类推。

【例 6.32】指针数组作为指针型函数参数使用。在主函数中，首先定义一个指针数组 name，并对其进行初始化赋值，使每个数组元素都指向一个字符串。然后以 name 作为实参调用指针型函数 day_name，在调用时把数组名 namc 作为第一个实参赋予形参 name，把输入的整数 i 作为第二个实参赋予形参 n。在 day_name 函数中定义了两个指针变量 pp1 和 pp2，其中，pp1 被赋予 name[0]的值，即*name；pp2 被赋予 name[n]的值，即*(name+n)。由条件表达式决定返回指针变量 pp1 或 pp2 给主函数中的指针变量 ps。最后输出 i 和 ps 的值。

```
#include<stdio.h>
void main(){
  static char *name[]={"Illegal day",
              "Monday",
              "Tuesday",
              "Wednesday",
              "Thursday",
              "Friday",
              "Saturday",
```

```
                "Sunday"};
   char *ps;
   int i;
   char *day_name(char *name[],int n);
   printf("input Day No:\n");
   scanf("%d",&i);
   if(i<0) exit(1);
   ps=day_name(name,i);
   printf("Day No:%2d-->%s\n",i,ps);
 }
 char *day_name(char *name[],int n)
 {
   char *pp1,*pp2;
   pp1=*name;
   pp2=*(name+n);
   return((n<1||n>7)? pp1:pp2);
 }
```

运行结果与例 6.30 中程序的运行结果相同。

【例 6.33】输入 5 个国家名并按字母顺序排序输出。

```
 #include<stdio.h>
 #include"string.h"
 void main(){
   void sort(char *name[],int n);
   void print(char *name[],int n);
   static char *name[]={ "CHINA","AMERICA","AUSTRALIA",
                        "FRANCE","GERMAN"};
   int n=5;
   sort(name,n);
   print(name,n);
 }
 void sort(char *name[],int n){
   char *pt;
   int i,j,k;
   for(i=0;i<n-1;i++){
       k=i;
       for(j=i+1;j<n;j++)
           if(strcmp(name[k],name[j])>0) k=j;
       if(k!=i){
           pt=name[i];
           name[i]=name[k];
           name[k]=pt;
       }
   }
 }
 void print(char *name[],int n){
   int i;
   for (i=0;i<n;i++)  printf("%s\n",name[i]);
 }
```

运行结果如下：

```
AMERICA
AUSTRALIA
CHINA
FRANCE
GERMAN
```

程序说明

在例 5.19 中采用普通的排序方法，逐个比较之后交换字符串的物理位置。交换字符串的物理位置是通过字符串复制函数完成的。但反复交换不仅会降低程序的运行速度，而且由于各字符串（国家名）的长度不同，增加了存储管理的负担。利用指针数组就能很好地解决这些问题。把所有字符串存放在一个数组中，把数组的首地址存放在一个指针数组中，当需要交换两个字符串时，只需交换指针数组中相应两个元素的内容（地址）即可，而不必交换字符串本身。

在本程序中定义了两个函数：一个名为 sort 的函数用于排序，其中一个形参为指针数组 name，另一个形参 n 为字符串的个数；另一个名为 print 的函数用于输出排序后的字符串，其形参与 sort 函数的形参相同。在主函数中，首先定义指针数组 name 并进行初始化赋值，然后分别调用 sort 函数和 print 函数完成排序和输出。值得说明的是，在 sort 函数中对两个字符串进行比较时调用了 strcmp 函数，strcmp 函数允许参与比较的字符串以指针方式出现，name[k]和 name[j]均为指针，因此是合法的。完成字符串的比较后，当需要交换时，只交换指针数组元素的值，而不交换具体的字符串，这样将大大减少时间开销，提高程序运行效率。

6.7.2 指向指针的指针和指针变量

如果一个指针变量中存放的是另一个指针变量的地址，则称这个指针变量为指向指针的指针变量。

前面介绍过，通过指针访问变量被称为间接访问。由于指针变量直接指向变量，所以称之为单级间址。而如果通过指向指针的指针变量来访问变量，则构成二级间址。

怎样定义一个指向指针的指针变量呢？

例如：

```
char **p;
```

可以看到，p 前面有两个星号“*”，相当于*(*p)。显然*p 是指针变量的定义形式，如果没有最前面的“*”，则表示定义一个指向字符变量的指针变量；现在它前面又有一个“*”，则表示指针变量 p 指向一个字符型指针变量。*p 就是 p 所指向的另一个指针变量。

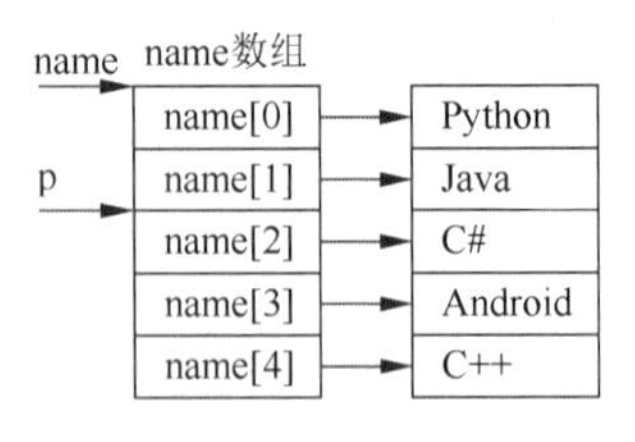

图 6.17 指针数组

从图 6.17 中可以看到，name 是一个指针数组，它的每个元素都是一个指针变量，其值为地址。因为 name 在本质上是一个数组，所以它的每个元素都有相应的地址。数组名 name 代表该指针数组的首地址。name+1 代表 name[1]的地址。还可以设置一个指针变量 p，使它指向指针数组元素。p 就是指向指针的指针变量。

如果有如下语句：

```
p=name+2;
```

```
printf("%o\n",*p);
printf("%s\n",*p);
```

则第一个 printf 语句输出 name[2]的值（它是一个地址），第二个 printf 语句输出字符串"C#"。

【例 6.34】使用指向指针的指针变量。

```
#include<stdio.h>
#include"string.h"
void main()
{
    char *name[]={"Python","Java","C#","Android","C++"};
    char **p;
    int i;
    for(i=0;i<5;i++)
    {
        p=name+i;
        printf("%s\n",*p);
    }
}
```

运行结果如下：

```
Python
Java
C#
Android
C++
```

在本程序中，p 是指向指针的指针变量。

【例 6.35】一个指针数组元素指向数据的简单例子。

```
void main()
{
    static int a[5]={1,3,5,7,9};
    int *num[5]={&a[0],&a[1],&a[2],&a[3],&a[4]};
    int **p,i;
    p=num;
    for(i=0;i<5;i++)
       {printf("%d\t",**p);p++;}
}
```

运行结果与例 6.34 中程序的运行结果相同。

由本例可知，指针数组元素中只能存放地址。

6.7.3　main 函数的参数

前面介绍的 main 函数都是不带参数的，因此 main 后面的圆括号都是空的。实际上，main 函数也可以带参数，这个参数可以被看作 main 函数的形式参数。C 语言规定，main 函数的参数只能有两个，我们习惯上把这两个参数写为 argc 和 argv。因此，main 函数的函数头可写为如下形式：

```
main(argc,argv)
```

C 语言还规定，argc（第一个形参）必须是整型变量，argv（第二个形参）必须是指向字符串的指针数组。加上形参声明后，main 函数的函数头应写为如下形式：

```
main(int argc,char *argv[])
```

由于 main 函数不能被其他函数调用，因此它不可能在程序内部取得实际值。那么，在何处把实参值赋予 main 函数的形参呢？实际上，main 函数的参数值是从操作系统命令行那里获得的。当我们要运行一个可执行文件时，在 DOS 提示符下先输入文件名，再输入实际参数，即可把这些实参值传递到 main 函数的形参中。

DOS 提示符下命令行的一般形式如下：

```
C:\>可执行文件名  参数 1  参数 2……
```

应该特别注意的是，main 函数的两个形参和命令行中的参数在位置上不是一一对应的，因为 main 函数的形参只有两个，而对命令行中的参数个数原则上未加限制。

argc 参数表示命令行中的参数个数（注意：可执行文件名本身也算一个参数），其值是在命令行中输入实际参数时由系统根据实际参数的个数自动赋予的。

例如，有如下命令行：

```
C:\>E24  Python  Java  Android
```

由于可执行文件名 E24 本身也算一个参数，所以命令行中共有 4 个参数，这时 argc 的值为 4。

argv 是指向字符串的指针数组，其各元素值为命令行中各字符串（参数均按字符串处理）的首地址。指针数组的长度就是参数个数。数组元素初值由系统自动赋予。argv 存储示意图如图 6.18 所示。

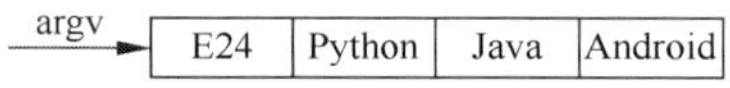

argv → | E24 | Python | Java | Android |

图 6.18　argv 存储示意图

【例 6.36】输出 main 函数的参数。

```
void main(int argc,char *argv){
  while(argc-->1)
      printf("%s\n",*++argv);
}
```

本程序用于显示命令行中输入的参数。如果该例中的可执行文件名为 E24，该文件被存放在 D 盘下，那么命令行的内容如下：

```
C:\>d:E24 Python  Java  Android
```

运行结果如下：

```
Python
Java
Android
```

程序说明

命令行中共有 4 个参数，执行 main 函数时，argc 的初值为 4，argv 的 4 个元素分别为 4 个字符串的首地址。执行 while 语句，每循环一次，argc 的值减 1，当 argc 的值等于 1 时停止循环，共循环三次，因此可输出三个参数。在 printf 函数中，由于打印项“*++argv”表示先加 1 再打印，故第一次循环打印的是 argv[1]所指向的字符串 Python。第二、三次循环分别打印后两个字符串。而参数 E24 是可执行文件名，不必输出。

6.8　指针数据类型和指针运算小结

1. 指针数据类型小结

指针数据类型小结如下：

```
int i;                      //定义整型变量 i
int *p;                     //p 为指向整型变量的指针变量
int a[n];                   //定义整型数组 a，它有 n 个元素
int *p[n];                  //定义指针数组 p，它由 n 个指向整型变量的指针元素组成
int (*p)[n];                //p 为指向含有 n 个元素的一维数组的指针变量
int f();                    //f 为返回整型值的函数
int *p();                   //p 为返回一个指针的函数，该指针指向整型变量
int (*p)();                 //p 为指向函数的指针变量，该函数返回一个整型值
int **p;                    //p 是一个指针变量，它指向一个指向整型变量的指针变量
```

2. 指针运算小结

（1）指针变量加（减）一个整数，如 p++、p−−、p+i、p−i、p+=i、p−=i。一个指针变量加（减）一个整数并不是简单地将原值加（减）一个整数，而是将该指针变量的原值（一个地址）和它指向的变量所占用的内存单元字节数相加（减）。

（2）指针变量赋值：将一个变量的地址赋予一个指针变量。

```
p=&a;                       //将变量 a 的地址赋予 p
p=array;                    //将数组 array 的首地址赋予 p
p=&array[i];                //将数组 array 中第 i 个元素的地址赋予 p
p=max;                      //max 为已定义的函数，将 max 的入口地址赋予 p
p1=p2;                      //p1 和 p2 都是指针变量，将 p2 的值赋予 p1
```

注意，下面的指针变量赋值是错误的。

```
p=1000;
```

（3）指针变量的值可以是空值，即该指针变量不指向任何变量。

```
p=NULL;
```

（4）两个指针变量相减：如果两个指针变量指向同一数组中的元素，则两个指针变量值之差为两个指针之间的元素个数。

（5）两个指针变量进行比较：如果两个指针变量指向同一数组中的元素，则两个指针变量可以进行比较，指向前面元素的指针变量“小于”指向后面元素的指针变量。

6.9　查询统计子系统结构指针知识基础

除了前面介绍的指针可以指向变量和数组，还可以指向结构变量。

1．指向结构变量的指针和指针变量

当一个指针变量指向一个结构变量时，称之为结构指针变量。结构指针变量的值是其所指向结构变量的首地址，通过结构指针即可访问该结构变量，这与数组指针和函数指针的情况是相同的。

结构指针变量声明的一般形式如下：

```
struct 结构名 *结构指针变量名;
```

例如，在前面的例题中定义了 stu 结构，如果要声明一个指向 stu 结构的指针变量 pstu，则可以写为如下形式：

```
struct stu *pstu;
```

当然，也可以在定义 stu 结构的同时声明指针变量 pstu。与前面讨论的各类指针变量相同，结构指针变量也必须先赋值才能使用。

赋值是把结构变量的首地址赋予该指针变量，而不是把结构名赋予该指针变量。如果 boy 是被声明为 stu 类型的结构变量，则下述写法是正确的。

```
pstu=&boy
```

而下述写法是错误的。

```
pstu=&stu
```

结构名和结构变量是两个不同的概念，不能混淆。结构名只能表示一个结构形式，编译系统并不会给它分配内存空间。只有当某变量被声明为这种类型的结构时，编译系统才会给该变量分配内存空间。因此，&stu 这种写法是错误的，不可能取一个结构名的首地址。有了结构指针变量，就能更方便地访问结构变量的各个成员。

访问结构变量成员的一般形式如下：

```
(*结构指针变量名).成员名
```

或者写为如下形式：

```
结构指针变量名->成员名
```

例如：

```
(*pstu).num
```

或者写为如下形式：

```
pstu->num
```

应该注意的是，(*pstu)两边的圆括号不可少，因为成员符“.”的优先级高于“*”的优先级。如果去掉圆括号，改写为*pstu.num，则等效于*(pstu.num)，这样意义就完全不同了。

下面通过例子来说明结构指针变量的具体声明和使用方法。

【例 6.37】使用结构指针变量输出结构变量。

```
#include<stdio.h>
struct stu
{
    int num;
    char *name;
    char sex;
```

```
    float score;
} boy1={102,"Zhang ping",'M',78.5},*pstu;
void main()
{
    pstu=&boy1;
    printf("Number=%d\nName=%s\n",boy1.num,boy1.name);
    printf("Sex=%c\nScore=%f\n\n",boy1.sex,boy1.score);
    printf("Number=%d\nName=%s\n",(*pstu).num,(*pstu).name);
    printf("Sex=%c\nScore=%f\n\n",(*pstu).sex,(*pstu).score);
    printf("Number=%d\nName=%s\n",pstu->num,pstu->name);
    printf("Sex=%c\nScore=%f\n\n",pstu->sex,pstu->score);
}
```

运行结果如下：

```
Number=102
Name=Zhang ping
Sex=M
Score=78.500000

Number=102
Name=Zhang ping
Sex=M
Score=78.500000

Number=102
Name=Zhang ping
Sex=M
Score=78.500000
```

程序说明

在本程序中定义了一个结构 stu，定义了一个 stu 类型的结构变量 boy1 并对其进行了初始化赋值，还定义了一个指向 stu 结构的指针变量 pstu。在 main 函数中，pstu 被赋予 boy1 的地址，因此 pstu 指向 boy1。在 printf 语句中用三种形式输出 boy1 的各个成员值。从运行结果中可以看出，结构变量名.成员名、(*结构指针变量名).成员名、结构指针变量名->成员名这三种访问结构变量成员的形式是等效的。

2. 指向结构数组的指针和指针变量

指针变量可以指向一个结构数组，这时该指针变量的值是整个结构数组的首地址。指针变量也可以指向结构数组中的一个元素，这时该指针变量的值是该结构数组元素的首地址。

设 ps 为指向结构数组的指针变量，则 ps 也指向该结构数组中的第 0 号元素，ps+1 指向第 1 号元素，ps+i 指向第 i 号元素。这与普通数组的情况是一致的。

【例 6.38】使用指针变量输出结构数组。

```
#include<stdio.h>
struct stu
{
    int num;
```

```
    char *name;
    char sex;
    float score;
}boy[5]={
        {101,"Zhou ping",'M',45},
        {102,"Zhang ping",'M',62.5},
        {103,"Liu fang",'F',92.5},
        {104,"Cheng ling",'F',87},
        {105,"Wang ming",'M',58},
      };
void main()
{
  struct stu *ps;
  printf("No\tName\t\t\tSex\tScore\t\n");
  for(ps=boy;ps<boy+5;ps++)
    printf("%d\t%s\t\t%c\t%f\t\n",ps->num,ps->name,ps->sex,ps->score);
}
```

运行结果如下：

```
No      Name            Sex     Score
101     Zhou ping       M       45.000000
102     Zhang ping      M       62.500000
103     Liu fang        F       92.500000
104     Cheng ling      F       87.000000
105     Wang ming       M       58.000000
```

程序说明

在本程序中定义了一个 stu 类型的外部结构数组 boy 并对其进行了初始化赋值。在 main 函数中定义 ps 为指向 stu 结构的指针变量。在循环语句 for 的表达式 1 中，ps 被赋予 boy 的首地址，之后循环 5 次，输出 boy 数组中的各个元素值。

应该注意的是，一个结构指针变量虽然可以用来访问结构变量成员，但是不能使它指向一个结构变量成员。也就是说，不允许取一个结构变量成员的地址来赋予该结构指针变量。因此，下面的赋值是错误的。

```
ps=&boy[1].sex;
```

只能写为如下形式：

```
ps=boy;                              //赋予变量 ps 数组的首地址
```

或者写为如下形式：

```
ps=&boy[0];                          //赋予变量 ps 第 0 号元素的首地址
```

3. 结构指针变量作为函数参数使用

虽然在 ANSI C 标准中允许用结构变量作为函数参数进行整体传递，但是这种传递要将全部成员逐个传递，特别是当成员为数组时，将会大大增加传递的时间和空间开销，严重降低程序的运行效率。针对这个问题，最好的解决方法就是使用指针，即用指针变量作为函数参数进行传递。这时由实参向形参传递的只是地址，从而减少了传递的时间和空间开销。

【例 6.39】计算一组学生的平均成绩并统计不及格人数。用结构指针变量作为函数参数进行编程。

```
#include<stdio.h>
struct stu
{
    int num;
    char *name;
    char sex;
    float score;}boy[5]={
        {101,"Li ping",'M',45},
        {102,"Zhang ping",'M',62.5},
        {103,"He fang",'F',92.5},
        {104,"Cheng ling",'F',87},
        {105,"Wang ming",'M',58},
      };
void main()
{
    struct stu *ps;
    void ave(struct stu *ps);
    ps=boy;
    ave(ps);
}
void ave(struct stu *ps)
{
    int c=0,i;
    float ave,s=0;
    for(i=0;i<5;i++,ps++)
    {
      s+=ps->score;
      if(ps->score<60) c+=1;
    }
    printf("s=%f\n",s);
    ave=s/5;
    printf("average=%f\ncount=%d\n",ave,c);
}
```

运行结果如下：

```
s=345.000000
average=69.000000
count=2
```

程序说明

在本程序中定义了一个函数 ave，其形参为结构指针变量 ps。boy 被定义为外部结构数组，在整个源程序中有效。在 main 函数中，首先定义了结构指针变量 ps 并赋予其 boy 数组的首地址，使 ps 指向 boy 数组，然后以 ps 作为实参调用函数 ave。在函数 ave 中完成计算平均成绩和统计不及格人数的工作并输出结果。

由于本程序全部采用指针变量进行运算和处理，故运行速度更快，运行效率更高。

4．动态分配内存空间

前面介绍过，数组的长度是预先定义的，在整个程序中保持不变。在C语言中不允许定义动态数组类型。

例如：

```
int n;
scanf("%d",&n);
int a[n];
```

上述语句用变量表示长度，想对数组的长度进行动态说明，这是错误的。但是，在实际编程中往往会发生这种情况，即因为所需的内存空间取决于实际输入的数据而无法预先确定。这个问题用数组的方法很难解决。为此，C语言提供了一些内存管理函数，这些内存管理函数可以按需动态分配内存空间，也可以把不再使用的内存空间回收待用，为有效地利用内存资源提供了支持。

常用的内存管理函数有以下三个。

（1）分配内存空间函数malloc。

malloc函数的调用形式如下：

```
(类型说明符*)malloc(size)
```

功能：在内存动态存储区中分配一块长度为size字节的连续区域。函数的返回值为该区域的首地址。

其中，类型说明符表示该区域将被用于存放何种类型的数据；(类型说明符*)表示把函数的返回值强制转换为该类型的指针；size是一个无符号数。

例如：

```
pc=(char *)malloc(100);
```

上述语句表示在内存动态存储区中分配一块长度为100字节的连续区域，并将该区域的存储类型强制转换为字符数组类型，函数的返回值为指向字符数组的指针，并把该指针赋予指针变量pc。

（2）分配内存空间函数calloc。

calloc函数也可用于分配内存空间。

calloc函数的调用形式如下：

```
(类型说明符*)calloc(n,size)
```

功能：在内存动态存储区中分配n块长度为size字节的连续区域。函数的返回值为该区域的首地址。

calloc函数与malloc函数的区别仅在于一次可以分配n块连续区域。

例如：

```
ps=(struct stu*)calloc(2,sizeof(struct stu));
```

其中，sizeof(struct stu)用于求stu结构的长度。该语句的含义是：按stu结构的长度分配两块连续区域，强制转换为stu结构类型，并把其首地址赋予指针变量ps。

（3）释放内存空间函数 free。

free 函数的调用形式如下：

```
free(void *ptr);
```

功能：释放 ptr 所指向的内存空间。ptr 是一个任意类型的指针变量，它指向被释放区域的首地址。被释放区域应该是由 malloc 或 calloc 函数所分配的区域。

【例 6.40】分配一块连续区域，输入一个学生的数据。

```
#include<stdio.h>
main()
{
    struct stu
    {
      int num;
      char *name;
      char sex;
      float score;
    }*ps;
    ps=(struct stu*)malloc(sizeof(struct stu));
    ps->num=102;
    ps->name="Zhang ping";
    ps->sex='M';
    ps->score=62.5;
    printf("Number=%d\nName=%s\n",ps->num,ps->name);
    printf("Sex=%c\nScore=%f\n",ps->sex,ps->score);
    free(ps);
}
```

运行结果如下：

```
Number=102
Name=Zhang ping
Sex=M
Score=62.500000
```

程序说明

在本程序中，首先定义了一个结构 stu，以及一个 stu 类型的指针变量 ps；然后按 stu 结构的长度分配一块连续区域，并把该区域的首地址赋予 ps，使 ps 指向该区域；接着以 ps 为指向结构的指针变量给各成员赋值，并用 printf 函数输出各成员值；最后用 free 函数释放 ps 所指向的内存空间。整个程序包含申请内存空间、使用内存空间、释放内存空间三个步骤，实现了内存空间的动态分配。

6.10　查询统计子系统链表知识基础

我们在例 6.40 中使用动态分配的方法为一个结构分配内存空间。每次分配一块内存空间可用来存放一个学生的数据，我们称之为一个节点。有多少个学生就应该申请分配多少块内存空间，也就是要创建多少个节点。当然，使用结构数组的方法也可以完成上述工作，但如果不能预先确定学生人数，也就无法确定数组长度。而且当学生留级、退学之后，也不能把该元素占用的内存空间从数组中释放出来。而使用动态分配内存空间的方法可以很好地解决这些问题。有一个学生就创建一个节点，无须预先确定学生人数，若某学生退学，则可删除该节点，并释放该节点所占用的内存空间，从而节省宝贵的内存资源。

另外，使用结构数组的方法必须占用一块连续的内存空间。而在使用动态分配内存空间的方法时，每个节点之间可以是不连续的（节点内是连续的），节点之间的联系可以用指针实现。即在节点结构中定义一个成员，用来存放下一个节点的首地址，这个成员被称为指针域。

我们可以在第一个节点的指针域内存放第二个节点的首地址，在第二个节点的指针域内存放第三个节点的首地址，如此串联下去，直到最后一个节点为止。最后一个节点因无后续节点连接，其指针域可被赋予 0。这种连接方式在数据结构中被称为链表。

图 6.19 所示为简单链表示意图。

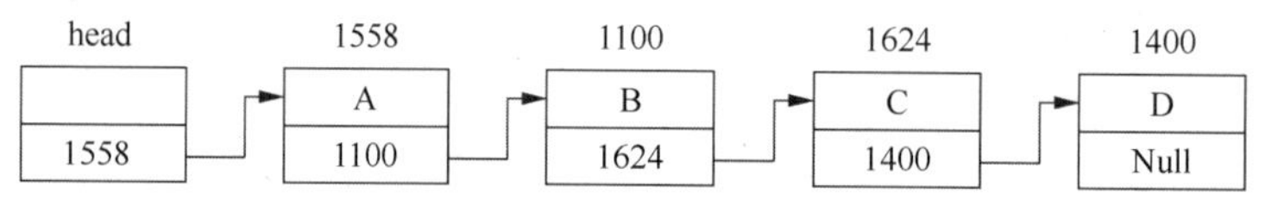

图 6.19　简单链表示意图

head 节点被称为头节点，其中没有数据或者存放与链表相关的信息，在大多数情况下，它指向链表中的第一个节点。之后的每个节点都被分为两个域：一个是数据域，用来存放各种实际数据，如学号 num、姓名 name、性别 sex、成绩 score 等；另一个是指针域，用来存放下一个节点的首地址。链表中的每个节点都属于同一种结构类型。

例如，一个存放学生学号和成绩的节点应为以下结构：

```
struct stu
{ int num;
  int score;
  struct stu *next;
}
```

其中，前两个成员 num 和 score 构成了数据域；后一个成员 next 构成了指针域，它是一个指向 stu 结构的指针变量。

链表的基本操作有以下几种：

（1）建立链表。

（2）查找与输出结构。

（3）插入一个节点。

（4）删除一个节点。

下面通过例题来说明这些操作。

【例 6.41】 建立一个包含三个节点的链表，用来存放学生数据。简单起见，我们假定学生数据结构中只有学号和年龄两个成员。可编写一个建立链表的函数 creat。

```
#define NULL 0
#define TYPE struct stu
#define LEN sizeof(struct stu)
#include<stdio.h>
#include<stdlib.h>
```

```
struct stu
{
  int num;
  int age;
  struct stu *next;
};
TYPE *creat(int n)
{
  struct stu *head,*pf,*pb;
  int i;
  for(i=0;i<n;i++)
  {
    pb=(TYPE*) malloc(LEN);
    printf("input Number and  Age\n");
    scanf("%d%d",&pb->num,&pb->age);
    if(i==0)
      pf=head=pb;
    else pf->next=pb;
      pb->next=NULL;
    pf=pb;
  }
  return(head);
}
```

程序说明

在本程序中，首先采用宏定义的方法对三个符号常量进行了定义。这里用 TYPE 表示 struct stu，用 LEN 表示 sizeof(struct stu)，主要是为了减少代码书写并使程序阅读更加方便。然后定义 stu 为外部结构类型，程序中的各个函数均可使用该结构。

creat 函数用于建立一个包含 n 个节点的链表，它是一个指针型函数，返回的指针指向 stu 结构。在 creat 函数内定义了三个指向 stu 结构的指针变量，其中，head 为头指针，pf 指向链表中的尾节点，pb 指向新增加的节点，并且将该节点插入链表尾部。

本程序只建立了一个包含三个节点的链表，并没有输出，关于输出的具体实现方法在后继课程数据结构中将会学到。

6.11　小结

为了动态实现查询统计子系统，本章介绍了指针、数组指针、字符串指针、函数指针、指针型函数、指针数组、结构指针、链表等方面的相关知识。

第7章

文件管理子系统实现

7.1　文件管理子系统概述

项目概述

图 7.1 所示为文件管理子系统主要功能模块图。本章的主要目的是将成绩管理系统中的数据存入文件中，并在执行访问、查询、修改等操作时可以打开该文件进行读取和写入。为了实现上述功能，接下来我们将针对图 7.1 中的 4 个模块展开介绍。

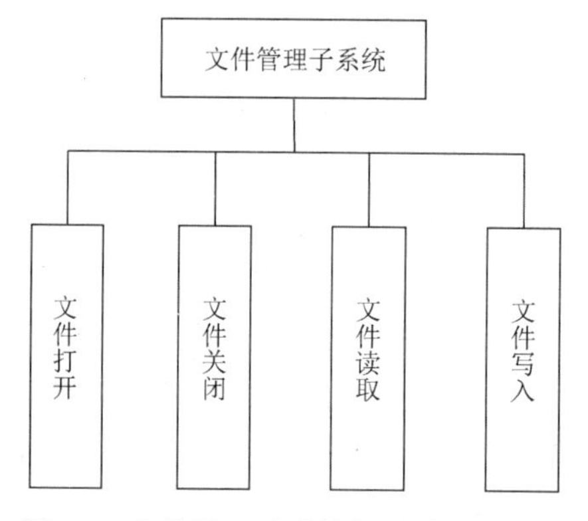

图 7.1　文件管理子系统主要功能模块图

关注点

(1)文件打开。无论是对文件进行读还是写操作，都需要先打开文件。打开文件会用到 fopen 函数。

(2) 文件读/写。写就是将内存中的数据存入文件中。文件读/写主要会用到 fscanf 和 fprintf 函数。

7.2　文件管理子系统文件打开/关闭知识基础

C 语言在操作之前必须先打开文件，使其由闭到开，并且把下面的信息告诉编译系统。

(1) 需要打开的文件名，也就是准备访问的文件名。

(2) 使用文件的方式（是读还是写等）。

(3) 使哪个指针变量指向被打开的文件。

打开文件函数的原型是定义在 stdio.h 头文件中的 fopen 函数，其一般形式如下：

```
FILE=fopen("文件名","使用文件的方式");
```

例如：

```
fp=fopen("file", "r");
```

上述语句表示需要打开的文件名为 file，使用文件的方式是只读。fopen 函数返回指向 file 文件的指针并赋值给指针变量 fp，这样指针变量 fp 和文件 file 就建立了联系。文件名字符串中允许带有路径，在使用路径时，路径分隔符是“\”而不是“\\”。

例如：

```
FILE  *fp,*fq;
fp=fopen("student","w");
fq=fopen("D:liuli\student34","r");
```

上述语句的含义是：先在当前目录下以只写方式打开一个新文件，并将该文件的内存存储的首地址赋予文件指针 fp；再以只读方式打开 D 盘 liuli 子目录下名为 student34 的已经存盘的旧文件，并将该文件的内存存储的首地址赋予文件指针 fq。

使用文件的方式及其含义如表 7.1 所示。

表 7.1　使用文件的方式及其含义

使用文件的方式	含　义	方　式
"r"	打开一个文本文件	只读
"w"	打开一个文本文件	只写
"a"	打开一个文本文件，并向该文本文件末尾添加数据	追加
"rb"	打开一个二进制文件	只读
"wb"	打开一个二进制文件	只写
"ab"	打开一个二进制文件，并向该二进制文件末尾添加数据	追加
"r+"	打开一个文本文件	读/写
"w+"	建立一个新的文本文件	读/写
"a+"	打开或生成一个文本文件	读/写
"rb++"	打开一个二进制文件	读/写
"wb++"	建立一个新的二进制文件	读/写
"ab++"	打开或生成一个二进制文件	读/写

说明：

（1）用"r"方式打开文件的目的是从文件中读取数据，不能向文件中写入数据，而且该文件必须已经存在。不能用"r"方式打开一个并不存在的文件，否则将得到出错信息。

（2）用"w"方式打开文件的目的是向文件中写入数据（输出至文件），而不是向计算机中输入数据。如果该文件并不存在，则在打开时新建一个以指定的名字命名的文件。如果该文件已经存在，则在打开时先将该文件删除，再建立一个新文件。

（3）如果用户希望向文件末尾添加数据（不希望删除原有数据），则应该用"a"方式打开文件。但此时该文件必须已经存在，否则将得到出错信息。打开文件时，位置指针将移动到文件末尾。

（4）用"r+"、"w+"、"a+"方式打开的文件既可以用来输入数据，也可以用来输出数据。用"r+"方式打开文件时该文件必须已经存在，以便向计算机中输入数据。用"w+"方式打开文件时会新建一个文件，先向该文件中写入数据，然后就可以读取该文件中的数据了。用"a+"方式打开文件时，原来的文件不会被删除，位置指针将移动到文件末尾，既可以添加数据，也可以读取数据。

（5）如果不能完成打开文件的任务，那么 fopen 函数将会返回出错信息。出错的原因可能有：用"r"方式打开一个并不存在的文件；磁盘出故障；磁盘已满，无法建立新文件等。此时 fopen 函数将返回空指针 NULL（NULL 在 stdio.h 头文件中被定义为 0）。

我们常用下面的方法打开一个文件：

```
if((fp=fopen("file","r"))==NULL)
{   printf("cannot open this file\n");
    exit(0);//关闭所有文件，终止正在运行的程序
}
```

上述语句的含义是：先检查打开操作是否出错，如果出错就在终端上输出“can not open this file”；再用 exit 函数关闭所有文件，终止正在运行的程序，待用户检查出错误并修改后再运行程序。

（6）从文本文件中读取数据时，把回车符和换行符两个字符转换为一个换行符。向文本文件中写入数据时，把换行符转换为回车符和换行符两个字符。使用二进制文件时不进行这种转换，内存中的数据形式与输出到磁盘中的数据形式完全一致。

7.3 文件管理子系统文件读/写知识基础

7.3.1 单个字符读/写操作

1．fgetc 函数——单个字符读操作

fgetc 函数的原型位于 stdio.h 头文件中。该函数可以从指定的文件中读取一个字符，该文件必须是以只读或读/写方式打开的，其一般形式如下：

```
fgetc(FILE  *fp);
```

其中，fp 为文件指针变量。该函数会返回一个字符。如果读到的是文本文件结束符，则该函数返回一个文件结束标志 EOF。

如果我们想从一个文本文件中顺序读取字符并在屏幕上显示出来，则常见的读取字符操作如下：

```
ch = fgetc(fp);
while(ch!=EOF)
{
    putchar(ch);
    ch = fgetc(fp);
}
```

注意：EOF 不是可输出字符，不能在屏幕上显示出来。由于字符对应的 ASCII 码不可能小于-1，因此 EOF 被定义为-1 是合适的。当读取的字符值等于-1 时，表示读取的不是正常的字符，而是文件结束标志。但以上操作只适用于读文本文件，并不适用于处理二进制文件，因为读取某一字节中的二进制数据的值有可能是-1，而这恰好是 EOF 的值，这样就会出现文件没结

束但被判断结束的问题。为了解决这个问题，可以使用 feof(fp)函数来测试 fp 所指向的文件当前状态是否是“文件结束”。如果是，那么 feof(fp)函数的返回值为 1（真），否则为 0（假）。

如果我们想顺序读取一个二进制文件中的数据，则可以使用 feof(fp)函数。例如：

```
while(! feof(fp))
{
      ch = fgetc(fp);
……
}
```

2．fputc 函数——单个字符写操作

使用 fputc 函数可以把一个字符写入磁盘文件中，其一般形式如下：

```
fputc(int ch,FILE *fp);
```

其中，ch 为输出字符，它既可以是一个字符常量，也可以是一个字符变量；fp 为文件指针变量，它指向一个由函数打开的文件。

功能：将字符（ch 的值）输出到 fp 所指向的文件中。如果输出成功，则返回值是输出的字符；如果输出失败，则返回一个文件结束标志 EOF。

3．fputc 和 fgetc 函数应用举例

【例 7.1】fputc 函数的应用。

```
#include<stdlib.h>
#include<stdio.h>
void main(void)
{
    FILE *fp;                           /*定义文件指针*/
    char ch,filename[10];
    scanf("%s",filename);
    if((fp=fopen(filename,"w"))==NULL)
    {
       printf("cannot open file\n");
       exit(0);                         /*终止程序*/
    }
    ch=getchar( );                      /*接收输入的第一个字符*/
    while(ch!='#')
    {
       fputc(ch,fp);
       putchar(ch);
       ch=getchar();
    }
    printf("\n");                       /*向屏幕输出一个换行符*/
    fclose(fp);
}
```

运行结果如下：

```
file1.c （输入磁盘文件名）
computer and c# （输入一个字符串）
computer and c （输出一个字符串）
```

程序说明

磁盘文件名通过键盘输入，赋予字符数组 filename。fopen 函数中的第一个参数“文件名”可以直接写成字符串常量形式（如 file1.c），也可以用字符数组名，在字符数组中存放文件名（如本例所用的方法）。本程序运行时先通过键盘输入磁盘文件名“filel.c”，然后输入要写入该磁盘文件中的字符“computer and c”，“#”表示输入结束。本程序将“computer and c”写入以“filel.c”命名的磁盘文件中，同时在屏幕上显示这些字符。

为了验证“computer and c”是否被写入以“filel.c”命名的磁盘文件中，我们还可以对磁盘中的内容进行读取操作，在屏幕上显示磁盘中的内容，如例 7.2 所示。

【例 7.2】fgetc 函数的应用。

```
#include<stdlib.h>
#include<stdio.h>
void main(void)
{
  FILE *fp;                              /*定义文件指针*/
  char ch;
  if((fp=fopen("file1.c","r"))==NULL)
  {
      printf("cannot open file1.c\n");
      exit(0);                           /*终止程序*/
  }
  ch=fgetc(fp);
  while(!feof(fp))
  {
     putchar(ch);
     ch=fgetc(fp);
  }
  printf("\n");                          /*向屏幕输出一个换行符*/
  fclose(fp);
}
```

注意：我们一般把 putc 和 fputc 函数、getc 和 fgetc 函数作为相同的函数来对待。

7.3.2 字符串读/写操作

1. fgets 函数——字符串读操作

fgets 函数的原型位于 stdio.h 头文件中。该函数可以从指定的文件中读取一个字符串，其一般形式如下：

```
fgets(char *str,int num,FILE *fp);
```

其中，str 是存放读取字符串的数组名，num-1 是读取字符串的字符个数，fp 是指向被读取文件的指针变量。

功能：从指定文件 fp 中读取若干个字符并存放到字符串变量中，如果读完 num-1 个字符或读到一个换行符'\n'，则结束读取。如果读到换行符结束，那么此时'\n'也作为一个字符被存放到 str 数组中，同时在读取的所有字符之后自动加一个'\0'，因此存放到数组中的字符串最多占用 num 字节。fgets 函数的返回值为 str 数组的首地址。如果读到文件末尾或出错，则返回 NULL。

2. fputs 函数——字符串写操作

fputs 函数的原型位于 stdio.h 头文件中。该函数可以写一个字符串到指定文件中，其一般形式如下：

```
fputs(char *str,FILE *fp);
```

其中，str 是存放写入字符串的数组名，fp 是指向被写入文件的指针变量。该函数的返回值为整型值，操作正确时返回 0，操作错误时返回非 0 的数值。

3. fgets 和 fputs 函数应用举例

【例 7.3】fgets 和 fputs 函数的应用。

```
#include<stdio.h>
void main()
{
    FILE *fpin,*fpout;
    char a[10];
    fpin=fopen("1.txt","r");
    fpout=fopen("2.txt","w");
    fgets(a,5,fpin);
    fputs(a,fpout);
    fclose(fpin);
    fclose(fpout);
}
```

7.3.3 数据块读/写操作

1. fread 函数——数据块读操作

fread 函数的原型位于 stdio.h 头文件中。该函数可以将磁盘文件中的一个数据块读到内存中，其一般形式如下：

```
fread(void *buffer, int size, int count,FILE *fp);
```

其中，buffer 是指向读取数据块存放空间的指针变量，size 是要读取数据块的字节数，count 是要读取以 size 为长度的数据块个数，fp 是指向被读取文件的指针变量。

例如：

```
fread(f,4,2,fp);
```

如果以二进制形式打开文件，则该函数用于从 fp 所指向的文件中读取两个 4 字节的数据块，存放到数组 f 中。

【例 7.4】有如下结构类型：

```
struct stu{
            char name[10];
            int num;
            int age;
            char addr[30];
}stud[40];
```

结构数组 stud 中有 40 个元素，每个元素用来存放一个学生的数据（包括姓名、学号、年龄、地址）。假设学生数据已经被存放在磁盘文件中，则可以用下面的 for 语句和 fread 函数读取 40 个学生的数据。

```
for(i=0; i<40; i++)
    fread(&stud[i], sizeof(struct stu), 1, fp);
```

2. fwrite 函数——数据块写操作

fwrite 函数的原型位于 stdio.h 头文件中。该函数可以将一个数据块写入磁盘文件中，其一般形式如下：

```
fwrite(void *buffer,int size,int count,FILE *fp);
```

其中，buffer 是指向写入数据块存放空间的指针变量，size 是要输入数据块的字节数，count 是要写入以 size 为长度的数据块个数，fp 是指向被写入文件的指针变量。

例如：

```
fwrite(f,4,2,fp);
```

如果以二进制形式打开文件，则该函数用于从数组 f 中读取两个 4 字节的数据块，存放到 fp 所指向的文件中。

【例 7.5】有如下结构类型：

```
struct stu
{
          char name[10];
          int num;
          int age;
          char addr[30];
}stud[40];
```

结构数组 stud 中有 40 个元素，每个元素用来存放一个学生的数据（包括姓名、学号、年龄、地址）。假设学生数据已经被存放在结构数组 stud 中，则可以用下面的 for 语句和 fwrite 函数写入 40 个学生的数据。

```
for(i=0; i<40; i++)
    fwrite(&stud[i], sizeof(struct stu), 1, fp);
```

3. fread 和 fwrite 函数应用举例

【例 7.6】首先通过键盘输入 4 个学生的数据，然后把这些数据转存到磁盘文件中。

```
#include<stdio.h>
#define SIZE 4
struct student_type{
 char name[10];
 int num;
 int age;
 char addr[15];
} stud[SIZE];                            /*定义结构*/
void save( )
{  FILE *fp;
   int i;
```

```
    if((fp=fopen("stulist","wb"))==NULL)
    {
       printf("cannot open file\n");
       return;
    }
    for(i=0;i<SIZE;i++)                    /*二进制写*/
      if(fwrite(&stud[i], sizeof(struct student_type), 1, fp)!=1)
         printf("file write error\n"); /*出错处理*/
    fclose(fp);                            /*关闭文件*/
  }
  main()
  {
    int i;
    for(i=0;i<SIZE;i++)                    /*通过键盘输入学生数据*/
      scanf("%s%d%d%s",stud[i].name,&stud[i].num,&stud[i].age,stud[i].addr);
    save( );                               /*调用 save 函数保存学生数据*/
  }
```

程序说明

在 main 函数中，首先通过键盘输入 4 个学生的数据，然后调用 save 函数将这些数据输出到以 stulist 命名的磁盘文件中。fwrite 函数的作用是将一个长度为 29 字节的数据块写入磁盘文件 stulist 中（一个 student_type 类型的结构变量的长度是其成员长度之和，即 10+2+2+15=29）。输入 4 个学生的姓名、学号、年龄和地址。

```
Zhang 1001 19 room_101
Fan   1002 20 room_102
Tan   1003 21 room_103
Ling  1004 21 room_104
```

程序运行时，屏幕上并没有输出任何信息，只是将通过键盘输入的数据写入磁盘文件中。为了验证磁盘文件 stulist 中是否存在这些数据，可以用以下程序从磁盘文件 stulist 中读取数据并在屏幕上输出。

【例 7.7】从磁盘文件 stulist 中读取数据并在屏幕上输出。

```
#include<stdio.h>
#define SIZE 4
struct student_type
{    char name[10];
     int num;
     int age;
     char addr[15];
}stud[SIZE];
main( )
{    int i;
     FILE*fp;
     fp=fopen("stulist","rb");
     for(i=0;i<SIZE;i++)
     {   fread(&stud[i],sizeof(struct student_type),1,fp);
         printf("%\-10s %4d %4d %\-15s\n",stud[i].name,stud[i].num, stud[i].
age,stud[i].addr);
```

```
        }
        fclose(fp);
}
```

屏幕上显示以下信息：

```
Zhang   1001 19 room_101
Fan   1002 20 room_102
Tan   1003 21 room_103
Ling   1004 21 room_104
```

7.3.4 格式化读/写操作

fscanf 和 fprintf 函数与 scanf 和 printf 函数的作用相仿，都是格式化读/写函数。只有一点不同，即 fscanf 和 fprintf 函数的读/写对象不是终端，而是磁盘文件。

1．fscanf 函数——格式化读操作

fscanf 函数的一般形式如下：

```
fscanf(FILE *fp,char *format,arg-list);
```

其中，fp 是指向被读取文件的指针变量，format 是指向格式化字符串的指针变量，arg-list 是参数表。

例如，将 fp 指向的文件中的数据存放到变量 i 和 t 中，语句如下：

```
fscanf(fp,"%d,%f",i,t);
```

如果 fp 指向的文件中有整型量和浮点型量，则将整型量存放到变量 i 中，将浮点型量存放到变量 t 中。如果有多个整型量和浮点型量，则读取哪个数据将由文件位置指针决定。

2．fprintf 函数——格式化写操作

fprintf 函数的一般形式如下：

```
int fprintf(FILE *fp,char *format,arg-list);
```

其中，fp 是指向被写入文件的指针变量，format 是指向格式化字符串的指针变量，arg-list 是参数表。

例如，将变量 i 和 t 中的数据存放到 fp 所指向的文件中，语句如下：

```
fprintf(fp,"%d,%f",i,t);
```

3．fscanf 和 fprintf 函数应用举例

【例 7.8】fscanf 函数的应用。

```
#include<stdio.h>
main()
{
FILE *p = fopen("D:\\a.txt","r");
while(!feof(p)){
    char buffer[100]={0};
    fscanf(p, "%s", buffer);
    printf("%s\n",buffer);
}
fclose(p);
```

```
printf("Main End\n");
return 0;
}
```

【例 7.9】fprintf 函数的应用。

```
#include<stdio.h>
main()
{
FILE *fp;
int k,n,a[6]={1,2,3,4,5,6};
fp=fopen("d2.txt","w");
fprintf(fp,"%d%d%d\n%d%d%d",a[0],a[1],a[2],a[3],a[4],a[5]);
fclose(fp);
fp=fopen("d2.txt","r");
fscanf(fp,"%d%d",&k,&n);
printf("%d,%d\n",k,n);
fclose(fp);
}
```

7.4　文件管理子系统出错检测知识基础

7.4.1　ferror 函数

在调用各种输入/输出函数（如 fputc、fgetc、fread、fwrite 等）时，如果出现错误，那么，除了函数返回值有所反映，还可以用 ferror 函数进行检查。

ferror 函数的一般形式如下：

```
ferror(FILE,*fp);  //如果函数返回 0，则表示未出错；如果函数返回非 0 的数值，则表示出错
```

在调用一个输入/输出函数后，应立即检查 ferror 函数的返回值，否则信息会丢失。在执行 fopen 函数时，ferror 函数的初始值被自动置为 0 。

例如：

```
if(ferror(fp))
{  printf("file can not open\n");
    fclose(fp);
    exit(0);
}
```

7.4.2　clearerr 函数

clearerr 函数的一般形式如下：

```
void clearerr(FILE *fp);
```

其作用是使 fp 所指向的文件错误标志和文件结束标志一起复位为 0。

注意：如果在读/写文件时出现错误，那么 ferror 函数会返回一个非 0 的数值，而且该值一直保持到下一次读/写文件时为止。如果及时调用 clearerr 函数，就能清除文件错误标志，使 ferror 函数返回 0。

7.4.3 exit 函数

当文件出现错误时，为了避免数据丢失，正常返回操作系统，可以调用过程控制函数 exit 关闭文件，终止程序运行。exit 函数的一般形式如下：

```
exit([status]);
```

其中，参数 status 为状态值，它被传递到调用函数中。当参数 status 的取值为 0 时，表示程序正常运行。

7.5 小结

为了实现文件管理子系统，本章主要介绍了文件打开/关闭、文件读/写、出错检测等方面的相关知识。

附录A

成绩管理系统的基本实现方法

```
#include<stdio.h>
#include<string.h>
#include<stdlib.h>
#define N 50
typedef struct Student
{
    char sno[12];
    char sname[20];
    char dept[12];
    char clas[20];
    float math;
    float english;
    float clanguage;
    float avg;
}Student;
/*------------------登录------------------*/
void Input_login()
{
    int i = 0, j;                          //i、j 代表数组下标
    /*定义账号和密码数组*/
    char get_user[2][10] = {"gf","lhh"}, get_password[2][15] = {"2018538142",
"2018538135"};
    char get_inu[10], get_inp[15];  //定义接收输入的账号和密码的数组
    while(1)
    {
        printf("\t\t\t 请输入账号: ");
        scanf("%s", get_inu);          //接收账号
        printf("\n");
        printf("\t\t\t 请输入密码: ");
        scanf("%s", get_inp);          //接收密码
        printf("\n");
        /*for 第一层循环用于判断账号是否正确,第二层循环用于判断密码是否正确*/
        for(i =0;i<2;i++)
        {
            if(strcmp(get_user[i],get_inu)==0) //如果 strcmp 函数中的两个参数值相
同,则返回 0。在使用该函数前,需要导入 string.h 头文件
            {
                if(strcmp(get_password[i],get_inp)==0)
```

```
                {
                //  printf("\t\t\t\t    输入正确\n");
                //  printf("\t\t\t\t正在登录。。。。");
                    break;
                }
                else
                {
                    printf("\t\t\t\t    密码错误\n");
                    printf("\n");
                    printf("\t\t\t");
                    for(i=0;i<32;i++)
                        printf("-");
                    printf("\n\n");
                    printf("\t\t\t请重新输入密码：");
                    scanf("%d",&j);
                    printf("\n");
                }
            }
            else if(i == 1)
            {
                printf("\t\t\t        输入错误，请重新输入\n");
                printf("\n");
                printf("\t\t\t");
                for(i=0;i<32;i++)
                    printf("-");
                printf("\n\n");
                Input_login();
            }
        }
        printf("\t\t\t\t    输入正确\n");
        printf("\n\n");
        printf("\t\t\t\t正在登录。。。。");
        printf("\n\n\n\n");
        for(i=0;i<80;i++)
            printf("=");
        printf("\n");
        system("pause");
        system("cls");
        break;
    }
}
/*------------------文件读取------------------*/
void out_file(Student *stu, int *len)
{
    int i = 0;
    char sno[12];
    char sname[20];
    char dept[12];
    char clas[20];
```

```
    float math;
    float english;
    float clanguage;
    float avg;
    FILE *fp;
    fp=fopen("D:\\成绩统计表.txt","r");
    putchar('\n');
    while(EOF!=fscanf(fp,"%10s", &sno))
    {
        fscanf(fp,"%10s", &sname);
        fscanf(fp,"%10s", &dept);
        fscanf(fp,"%10s", &clas);
        fscanf(fp,"%10f", &math);
        fscanf(fp,"%10f", &english);
        fscanf(fp,"%10f", &clanguage);
        fscanf(fp,"%10f\n", &avg);
        strcpy(stu[i].sno,sno);
        strcpy(stu[i].sname,sname);
        strcpy(stu[i].dept,dept);
        strcpy(stu[i].clas,clas);
        stu[i].math = math;
        stu[i].english = english;
        stu[i].clanguage = clanguage;
        stu[i].avg = avg;
        (*len)++;
        //printf("%s",stu[i].sname);
        i ++;
    }
    //fprintf(fp,"=================================================\n");
    //fclose(fp);
    //printf("文件已保存到\"成绩统计表.txt\"");
    //getchar();getchar();
    //system("cls");
}
/*----------------成绩处理----------------*/
void input_score(Student *stu,int *len)
{
    int choice,no;
    int i=0,k=0,flag=0;
    char sno[12];
    char sname[20];
    char dept[12];
    char clas[20];
    float math;
    float english;
    float clanguage;
    while(1)
    {
        printf("\n                              成绩处理\n");
```

```
        for(i=0;i<80;i++)
            printf("=");
        printf("\n\n");
        printf("          1.成绩输入                              2.输出查看\n\n");
        printf("          3.返回上一级菜单\n\n");
        printf("\t");
        for(i=0;i<64;i++)
        {
            printf("-");
        }
        printf("\n");
        printf("\t请选择：");
        scanf("%d",&choice);
        system("cls");
        if(choice==1)
        {
            printf("\n                              成绩输入\n");
            for(i=0;i<80;i++)
                printf("=");
            printf("\n");
            printf("请输入序号：");
            scanf("%d", &no);
            printf("\n");
            printf("请输入(学号，姓名，院系，班级，数学成绩，英语成绩，C语言成绩)\n\n");
            printf("  学号    姓名    院系      班级     数学 英语 C语言\n");
            for(i=0;i<80;i++)
            {
                printf("-");
            }
            printf("\n");
            while(no != -1&&k<N)
            {
                scanf("%s %s %s %s %f %f %f",sno,sname,dept,clas,&math,&english,
&clanguage);
                for(i=0;i<N;i++){
                    if(strcmp(stu[i].sno,sno)==0){
                        flag=1;
                        break;
                    }
                }
                if(flag==0){
                    strcpy(stu[*len].sno,sno);
                    strcpy(stu[*len].sname,sname);
                    strcpy(stu[*len].dept,dept);
                    strcpy(stu[*len].clas,clas);
                    stu[*len].math=math;
                    stu[*len].english=english;
                    stu[*len].clanguage=clanguage;
                    stu[*len].avg=(stu[*len].math+stu[*len].english+stu[*len].
```

```
clanguage)/3;
                (*len)++;
                k++;
                flag=0;
                printf("\n");
                printf("请输入序号: ");
                scanf("%d",&no);
            }
            if(flag==1){
                flag=0;
                printf("已经有该学号,无法输入! 请重新输入: \n");
                printf("\n");
                printf("请输入序号: ");
                scanf("%d",&no);
            }
        }
        system("cls");
    }
    else if(choice==2)
    {

        printf("\n                                          成绩输出\n");
        for(i=0;i<80;i++)
            printf("=");
        printf("\n\n");
        printf("%8s","学号");
        printf("%10s","姓名");
        printf("%10s","院系");
        printf("%10s","班级");
        printf("%11s","数学");
        printf("%11s","英语");
        printf("%11s","C语言");
        printf("%11s","平均成绩");
        putchar('\n');
        for (i =0; i < 80; i++)
            putchar('=');
        putchar('\n');
        for (i = 0; i<k; i++)
        {
            printf("%8s",stu[i].sno);
            printf("%8s",stu[i].sname);
            printf("%12s",stu[i].dept);
            printf("%12s",stu[i].clas);
            printf("%11.0f",stu[i].math);
            printf("%11.0f",stu[i].english);
            printf("%11.0f",stu[i].clanguage);
            printf("%11.0f",stu[i].avg);
            putchar('\n');
        }
```

```
            for (i =0; i < 80; i++)
               putchar('-');
            putchar('\n');
            printf("请按回车键返回上一级菜单。");
            getchar();
            getchar();
            system("cls");
        }
        else if(choice==3)
            break;
    }
}
/*-----------------修改信息-----------------*/
void modify_score(Student *stu,int len)
{
    int choice,i,j;
    char sno[12],dept[12],clas[20];
    float math,english,clanguage;
    while(1)
    {
        printf("\n                                        修改信息\n");
        for(i=0;i<80;i++)
            printf("=");
        printf("\n\n");
        printf("        1.修改学生姓名                          2.修改院系信息\n\n");
        printf("        3.修改班级信息                          4.修改数学成绩\n\n");
        printf("        5.修改英语成绩                          6.修改C语言成绩\n\n");
        printf("        7.返回上一级菜单\n\n");
        printf("\t");
        for(i=0;i<64;i++)
        {
            printf("-");
        }
        printf("\n");
        printf("\t请选择: ");
        scanf("%d",&choice);
        system("cls");
        if(choice==1)
        {
            printf("\n                                        修改学生姓名\n");
            for(i=0;i<80;i++)
                printf("=");
            printf("\n");
            printf("请输入学号: ");
            scanf("%s",sno);
            printf("\n");
            for(j=0;j<80;j++)
                printf("-");
            printf("\n");
```

```
        for(i=0;i<len;i++)
        {
            if(strcmp(sno,stu[i].sno)==0)
            {
                printf("请输入要修改的学生的姓名: ");
                scanf("%s",stu[i].sname);
            }
        }
        system("cls");
    }
    else if(choice==2)
    {
        printf("\n                                    修改院系信息\n");
        for(i=0;i<80;i++)
            printf("=");
        printf("\n");
        printf("请输入院系: ");
        scanf("%s",sno);
        printf("\n");
        for(j=0;j<80;j++)
            printf("-");
        printf("\n");
        for(i=0;i<len;i++)
        {
            if(strcmp(sno,stu[i].sno)==0)
            {
                printf("请输入要修改的学生的院系: ");
                scanf("%s",stu[i].dept);
            }
        }
        system("cls");
    }
    else if(choice==3)
    {
        printf("\n                                    修改班级信息\n");
        for(i=0;i<80;i++)
            printf("=");
        printf("\n");
        printf("请输入班级: ");
        scanf("%s",sno);
        printf("\n");
        for(j=0;j<80;j++)
            printf("-");
        printf("\n");
        for(i=0;i<len;i++)
        {
            if(strcmp(sno,stu[i].sno)==0)
            {
                printf("请输入要修改的学生的班级: ");
```

```
                scanf("%s",stu[i].clas);
            }
        }
        system("cls");
    }
    else if(choice==4)
    {
        printf("\n                                    修改数学成绩\n");
        for(i=0;i<80;i++)
            printf("=");
        printf("\n");
        printf("请输入学号：");
        scanf("%s",sno);
        printf("\n");
        for(j=0;j<80;j++)
            printf("-");
        printf("\n");
        for(i=0;i<len;i++)
        {
            if(strcmp(sno,stu[i].sno)==0)
            {
                printf("请输入要修改的数学成绩：");
                scanf("%f",&math);
                stu[i].math=math;
                stu[i].avg=(stu[i].math+stu[i].english+stu[i].clanguage)/3;
            }
        }
        system("cls");
    }
    else if(choice==5)
    {
        printf("\n                                    修改英语成绩\n");
        for(i=0;i<80;i++)
            printf("=");
        printf("\n");
        printf("请输入学号：");
        scanf("%s",sno);
        printf("\n");
        for(j=0;j<80;j++)
            printf("-");
        printf("\n");
        for(i=0;i<len;i++)
        {
            if(strcmp(sno,stu[i].sno)==0)
            {
                printf("请输入要修改的英语成绩：");
                scanf("%f",&english);
                stu[i].english=english;
                stu[i].math=math;
```

```
                stu[i].avg=(stu[i].math+stu[i].english+stu[i].clanguage)/3;
            }
        }
        system("cls");
    }
    else if(choice==6)
    {
        printf("\n                                   修改C语言成绩\n");
        for(i=0;i<80;i++)
            printf("=");
        printf("\n");
        printf("请输入学号：");
        scanf("%s",sno);
        printf("\n");
        for(j=0;j<80;j++)
            printf("-");
        printf("\n");
        for(i=0;i<len;i++)
        {
            if(strcmp(sno,stu[i].sno)==0)
            {
                printf("请输入要修改的C语言成绩：");
                scanf("%f",&clanguage);
                stu[i].clanguage=clanguage;
                stu[i].math=math;
                stu[i].avg=(stu[i].math+stu[i].english+stu[i].clanguage)/3;
            }
        }
        system("cls");
    }
    else if(choice==7)
        break;
  }
}
/*-----------------删除信息----------------*/
void delete_score(Student *stu,int *len)
{
  int choice,i,j;
  char sno[12],clas[20],dept[12];
  while(1)
  {
    printf("\n                                   删除信息\n");
    for(i=0;i<80;i++)
        printf("=");
    printf("\n\n");
    printf("         1.删除学生信息（按学号）           2.删除班级信息\n\n");
    printf("         3.删除院系信息                     4.返回上一级菜单\n\n");
    printf("\t");
    for(i=0;i<64;i++)
```

```
        {
            printf("-");
        }
        printf("\n");
        printf("\t 请选择: ");
        scanf("%d",&choice);
        system("cls");
        if(choice==1)
        {
            printf("\n                                    删除学生信息\n");
            for(i=0;i<80;i++)
                printf("=");
            printf("\n");
            printf("请输入要删除的学生信息: ");
            scanf("%s",sno);
            for(i=0;i<N;i++)
            {
                if(strcmp(sno,stu[i].sno)==0)
                {
                    for(j=i;j<N;j++)
                    {
                        if(stu[j].sno){
                            strcpy(stu[j].sno,stu[j+1].sno);
                            strcpy(stu[j].sname,stu[j+1].sname);
                            strcpy(stu[j].dept,stu[j+1].dept);
                            strcpy(stu[j].clas,stu[j+1].clas);
                            stu[j].math=stu[j+1].math;
                            stu[j].english=stu[j+1].english;
                            stu[j].clanguage=stu[j+1].clanguage;
                            stu[j].avg=stu[j+1].avg;
                        }
                    }
                    (*len)--;
                    break;
                }
            }
            system("cls");
        }
        else if(choice==2)
        {
            printf("\n                                    删除班级信息\n");
            for(i=0;i<80;i++)
                printf("=");
            printf("\n");
            printf("请输入要删除的班级信息: ");
            scanf("%s",clas);
            i=0;
            while(i<N){
                if(strcmp(clas,stu[i].clas)==0)
```

```
        {
            for(j=i;j<N;j++)
            {
                if(stu[j].sno){
                    strcpy(stu[j].sno,stu[j+1].sno);
                    strcpy(stu[j].sname,stu[j+1].sname);
                    strcpy(stu[j].dept,stu[j+1].dept);
                    strcpy(stu[j].clas,stu[j+1].clas);
                    stu[j].math=stu[j+1].math;
                    stu[j].english=stu[j+1].english;
                    stu[j].clanguage=stu[j+1].clanguage;
                    stu[j].avg=stu[j+1].avg;
                }
            }
            (*len)--;
            i=0;
        }
        else
            i++;
    }
    system("cls");
}
else if(choice==3)
{
    printf("\n                                        删除院系信息\n");
    for(i=0;i<80;i++)
        printf("=");
    printf("\n");
    printf("请输入要删除的院系信息: ");
    scanf("%s",dept);
    i=0;
    while(i<N){
        if(strcmp(dept,stu[i].dept)==0)
        {
            for(j=i;j<N;j++)
            {
                if(stu[j].sno){
                    strcpy(stu[j].sno,stu[j+1].sno);
                    strcpy(stu[j].sname,stu[j+1].sname);
                    strcpy(stu[j].dept,stu[j+1].dept);
                    strcpy(stu[j].clas,stu[j+1].clas);
                    stu[j].math=stu[j+1].math;
                    stu[j].english=stu[j+1].english;
                    stu[j].clanguage=stu[j+1].clanguage;
                    stu[j].avg=stu[j+1].avg;
                }
            }
            (*len)--;
            i=0;
```

```
                }
                else
                    i++;
            }
            system("cls");
        }
        else if(choice==4)
            break;
    }
}
/*-----------------成绩排序-----------------*/
void sort_score(Student *stu,int len)
{
    int i,j,k;
    Student temp;
    for (i=0;i<len-1;i++)
    {
        for (k=i,j=i+1;j<len;j++)
            if (stu[k].avg>stu[j].avg)
                k=j;
        if (k!=i)
        {
            temp=stu[i];
            stu[i]=stu[k];
            stu[k]=temp;
        }
    }
}
/*-----------------查询信息-----------------*/
void find_score(Student *stu,int len)
{
    int choice,i;
    char sno[12],clas[20],dept[12];
    while(1)
    {
        printf("\n                                        查询信息\n");
        for(i=0;i<80;i++)
            printf("=");
        printf("\n\n");
        printf("          1.按学号查询                        2.按班级查询\n\n");
        printf("          3.按院系查询                        4.查询全部学生信息\n\n");
        printf("          5.返回上一级菜单\n\n");
        printf("\t");
        for(i=0;i<64;i++)
        {
            printf("-");
        }
        printf("\n");
        printf("\t请选择: ");
```

```
scanf("%d",&choice);
system("cls");
if(choice==1)
{
    printf("\n                                   按学号查询\n");
    for(i=0;i<80;i++)
        printf("=");
    printf("\n");
    printf("请输入学号：");
    scanf("%s",sno);
    printf("%8s","学号");
    printf("%10s","姓名");
    printf("%10s","院系");
    printf("%10s","班级");
    printf("%12s","数学");
    printf("%11s","英语");
    printf("%11s","C语言");
    printf("%11s","平均成绩");
    printf("\n");
    for (i =0; i < 80; i++)
        printf("-");
    printf("\n");
    for(i=0;i<len;i++)
    {
        if(strcmp(sno,stu[i].sno)==0)
        {
            printf("%8s",stu[i].sno);
            printf("%8s",stu[i].sname);
            printf("%12s",stu[i].dept);
            printf("%12s",stu[i].clas);
            printf("%6.0f",stu[i].math);
            printf("%11.0f",stu[i].english);
            printf("%11.0f",stu[i].clanguage);
            printf("%9.0f",stu[i].avg);
            putchar('\n');
        }
    }
    system("pause");
    system("cls");
}
else if(choice==2)
{
    printf("\n                                   按班级查询\n");
    for(i=0;i<80;i++)
        printf("=");
    printf("\n");
    printf("请输入班级：");
    scanf("%s",clas);
    printf("%8s","学号");
```

```
        printf("%10s","姓名");
        printf("%10s","院系");
        printf("%10s","班级");
        printf("%12s","数学");
        printf("%11s","英语");
        printf("%11s","C 语言");
        printf("%11s","平均成绩");
        printf("\n");
        for (i =0; i < 80; i++)
            printf("-");
        printf("\n");
        for(i=0;i<len;i++)
        {
            if(strcmp(clas,stu[i].clas)==0)
            {
                printf("%8s",stu[i].sno);
                printf("%8s",stu[i].sname);
                printf("%12s",stu[i].dept);
                printf("%12s",stu[i].clas);
                printf("%6.0f",stu[i].math);
                printf("%11.0f",stu[i].english);
                printf("%11.0f",stu[i].clanguage);
                printf("%9.0f",stu[i].avg);
                putchar('\n');
            }
        }
        system("pause");
        system("cls");
    }
    else if(choice==3)
    {
        printf("\n                              按院系查询\n");
        for(i=0;i<80;i++)
            printf("=");
        printf("\n");
        printf("请输入院系: ");
        scanf("%s",dept);
        printf("%8s","学号");
        printf("%10s","姓名");
        printf("%10s","院系");
        printf("%10s","班级");
        printf("%12s","数学");
        printf("%11s","英语");
        printf("%11s","C 语言");
        printf("%11s","平均成绩");
        printf("\n");
        for (i =0; i < 80; i++)
            printf("-");
        printf("\n");
```

```
        for(i=0;i<len;i++)
        {
            if(strcmp(dept,stu[i].dept)==0)
            {
                printf("%8s",stu[i].sno);
                printf("%8s",stu[i].sname);
                printf("%12s",stu[i].dept);
                printf("%12s",stu[i].clas);
                printf("%6.0f",stu[i].math);
                printf("%11.0f",stu[i].english);
                printf("%11.0f",stu[i].clanguage);
                printf("%9.0f",stu[i].avg);
                putchar('\n');
            }
        }
        system("pause");
        system("cls");
    }
    else if(choice==4)
    {
        printf("\n                                  查询全部学生信息\n");
        for(i=0;i<80;i++)
            printf("=");
        printf("\n");
        printf("%8s","学号");
        printf("%10s","姓名");
        printf("%10s","院系");
        printf("%10s","班级");
        printf("%12s","数学");
        printf("%11s","英语");
        printf("%11s","C语言");
        printf("%11s","平均成绩");
        printf("\n");
        for (i =0; i < 80; i++)
            printf("-");
        printf("\n");
        for(i=0;i<len;i++)
        {
            printf("%8s",stu[i].sno);
            printf("%8s",stu[i].sname);
            printf("%12s",stu[i].dept);
            printf("%12s",stu[i].clas);
            printf("%6.0f",stu[i].math);
            printf("%11.0f",stu[i].english);
            printf("%11.0f",stu[i].clanguage);
            printf("%9.0f",stu[i].avg);
            putchar('\n');
        }
        system("pause");
```

```
            system("cls");
        }
        else if(choice==5)
            break;

    }
}
/*------------------成绩统计------------------*/
void stat_score(Student *stu,int len)
{
    int avg_59=0,avg_69=0,avg_79=0,avg_89=0,avg_100=0;
    int i;
    printf("\n                                   成绩统计\n");
    for(i=0;i<80;i++)
        printf("=");
    printf("\n\n");
    for (i=0;i<len;i++)
    {
        if (stu[i].avg <=59)
            avg_59++;
        else if(stu[i].avg <=69)
            avg_69++;
        else if(stu[i].avg <=79)
            avg_79++;
        else if(stu[i].avg <= 89)
            avg_89++;
        else
            avg_100++;
    }
    system("cls");
    for (i=0;i<80;i++)
        putchar('=');
    putchar('\n');
    printf("%10s", "score");
    printf("%10s", "0--59");
    printf("%10s", "60--69");
    printf("%10s", "70--79");
    printf("%10s", "80--89");
    printf("%10s", "90--100");
    putchar('\n');
    putchar('\n');
    printf("%10s", "student");
    printf("%10d", avg_59);
    printf("%10d", avg_69);
    printf("%10d", avg_79);
    printf("%10d", avg_89);
    printf("%10d", avg_100);
    putchar('\n');
    for (i =0; i < 80; i++)
```

```
        putchar('=');
    putchar('\n');
    printf("请按回车键返回。");
    getchar();
    getchar();
}
/*----------------将数据保存到文件中----------------*/
void save(Student *stu, int len)
{
    int i;
    FILE *fp;
    fp=fopen("D:\\成绩统计表.txt","w");
    /*fprintf(fp,"%10s", "学号");
    fprintf(fp,"%8s", "姓名");
    fprintf(fp,"%8s", "院系");
    fprintf(fp,"%8s", "班级");
    fprintf(fp,"%10s", "数学");
    fprintf(fp,"%10s", "英语");
    fprintf(fp,"%10s", "C语言");
    fprintf(fp,"%10s\n", "平均成绩");
    fprintf(fp,"=======================================================\n"); */
    putchar('\n');
    for (i = 0; i< len; i++)
    {
        fprintf(fp,"%10s", stu[i].sno);
        fprintf(fp,"%10s", stu[i].sname);
        fprintf(fp,"%10s", stu[i].dept);
        fprintf(fp,"%10s", stu[i].clas);
        fprintf(fp,"%10f", stu[i].math);
        fprintf(fp,"%10f", stu[i].english);
        fprintf(fp,"%10f", stu[i].clanguage);
        fprintf(fp,"%10f\n", stu[i].avg);
    }
    //fprintf(fp,"=======================================================\n");
    fclose(fp);
    printf("文件已保存到\"成绩统计表.txt\"");
    getchar();getchar();
}
void main()
{
    Student stu[N];
    int len=0;
    int choice;
    int i;
    printf("\n\n\n\n");
    printf("\t\t\t    ------------------------\n");
    printf("\t\t\t    |欢迎使用成绩管理系统|\n");
    printf("\t\t\t    ------------------------\n");
    printf("\n");
```

```
    printf("\t");
    for(i=0;i<66;i++)
        printf("-");
    printf("\n\n");
    Input_login();
    out_file(stu,&len);
    while(1)
    {
        printf("                                菜单\n");
        for(i=0;i<80;i++)
            printf("=");
        printf("\n\n");
        printf("        1.成绩处理（输入、插入）        2.修改成绩\n\n");
        printf("        3.删除信息                      4.成绩排序（按平均成绩）\n\n");
        printf("        5.查询信息                      6.成绩统计\n\n");
        printf("        7.文件存储                      8.退出\n\n");
        printf("\t");
        for(i=0;i<64;i++)
            printf("-");
        printf("\n");
        printf("\t 请选择：");
        scanf("%d",&choice);
        switch(choice)
        {
            case 1:system("cls");input_score(stu,&len);break;    //成绩处理
            case 2:system("cls");modify_score(stu,len);break;    //修改成绩
            case 3:system("cls");delete_score(stu,&len);break;   //删除信息
            case 4:system("cls");sort_score(stu,len);break;      //成绩排序
            case 5:system("cls");find_score(stu,len);break;      //查询信息
            case 6:system("cls");stat_score(stu,len);break;      //成绩统计
            case 7:system("cls");save(stu, len);break;           //文件存储
            case 8:exit(0);break;                                //退出
        }
    }
}
```

附录B

成绩管理系统基于链表的实现方法

```
#include<stdio.h>
#include<string.h>
#include <stdlib.h>
#include <conio.h>
typedef struct person
{
   char sno[11];                       //学号
   char password[21];                  //密码
   char sname[11];                     //姓名
   char dept[21];                      //院系
   char clas[21];                      //班级
   float math;                         //数学成绩
   float english;                      //英语成绩
   float clanguage;                    //C 语言成绩
   float ave;                          //平均成绩
}person;

#define ElemType person

typedef struct LNode
{
   ElemType data;
   struct LNode *next;
}LNode,*LinkList;

LinkList head;
int power=0;
char name[21];
LinkList user;

/*
使用单链表存储学生信息
单链表头节点中存放管理员账号 admin、密码 admin
head 为单链表头节点
power: 登录用户的权限。0: 未登录; 1: admin; 2: 学生。
班级查询中限制了最多能有 20 个班级!
*/
int input(void * space,int length,int mode,int del)//数据输入及合法性判定
```

```
{
    float num;char str[21];int i,len;
    LinkList p=head;
    switch(mode)
    {
        case 0:
            scanf("%f",&num);
            getchar();                      //获取字符函数
            if(num<0||num>100)
                return 1;
            *(float*)space=num;
            return 0;
        case 1:
            gets(str);
            if(strlen(str)!=10)
                return 1;                   //非10位
            for(i=0;i<10;i++)
                if(*(str+i)<'0'||*(str+i)>'9')
                    return 1;               //非数字
            while(p!=NULL&&strcmp(str,p->data.sno)!=0)p=p->next;
            if (del&&p!=NULL)
                return 1;                   //有重复
            strcpy((char *)space,str);
            return 0;
        case 2:
            gets(str);
            i=strlen(str);
            if(i==0||i>length-1)
                return 1;                   //长度检测
/*          while(i!=length-1)
                *(str+i++)='#';
            *(str+i)='\0';*/
            strcpy((char *)space,str);
            return 0;
    }
}
void init()
{
    head=(LinkList)malloc(sizeof(LNode));
    head->next=NULL;
    strcpy(head->data.sno,"admin");
    strcpy(head->data.sname,"admin");
    strcpy(head->data.password,"admin");
    //-------
    LinkList p,q;
    q=head;
    p=(LinkList)malloc(sizeof(LNode));
    strcpy(p->data.sno,"2018000101");
    strcpy(p->data.password,"101");
```

```
strcpy(p->data.sname,"赵一");
strcpy(p->data.dept,"信息工程学院");
strcpy(p->data.clas,"软件 B182");
p->data.math=61;p->data.english=65;p->data.clanguage=94;
p->data.ave=(p->data.math+p->data.english+p->data.clanguage)/3;
q->next=p;q=p;
p=(LinkList)malloc(sizeof(LNode));
strcpy(p->data.sno,"2018000102");
strcpy(p->data.password,"102");
strcpy(p->data.sname,"钱二");
strcpy(p->data.dept,"信息工程学院");
strcpy(p->data.clas,"软件 B182");
p->data.math=59;p->data.english=80;p->data.clanguage=90;
p->data.ave=(p->data.math+p->data.english+p->data.clanguage)/3;
q->next=p;q=p;
p=(LinkList)malloc(sizeof(LNode));
strcpy(p->data.sno,"2018000103");
strcpy(p->data.password,"103");
strcpy(p->data.sname,"孙三");
strcpy(p->data.dept,"信息工程学院");
strcpy(p->data.clas,"软件 B182");
p->data.math=64;p->data.english=85;p->data.clanguage=94;
p->data.ave=(p->data.math+p->data.english+p->data.clanguage)/3;
q->next=p;q=p;
p=(LinkList)malloc(sizeof(LNode));
strcpy(p->data.sno,"2018000104");
strcpy(p->data.password,"104");
strcpy(p->data.sname,"李四");
strcpy(p->data.dept,"信息工程学院");
strcpy(p->data.clas,"软件 B182");
p->data.math=55;p->data.english=92;p->data.clanguage=91;
p->data.ave=(p->data.math+p->data.english+p->data.clanguage)/3;
q->next=p;q=p;
p=(LinkList)malloc(sizeof(LNode));
strcpy(p->data.sno,"2018000111");
strcpy(p->data.password,"111");
strcpy(p->data.sname,"周五");
strcpy(p->data.dept,"信息工程学院");
strcpy(p->data.clas,"软件 B182");
p->data.math=72;p->data.english=83;p->data.clanguage=61;
p->data.ave=(p->data.math+p->data.english+p->data.clanguage)/3;
q->next=p;q=p;
p=(LinkList)malloc(sizeof(LNode));
strcpy(p->data.sno,"2018000201");
strcpy(p->data.password,"201");
strcpy(p->data.sname,"吴六");
strcpy(p->data.dept,"机械工程学院");
strcpy(p->data.clas,"机电 B182");
p->data.math=82;p->data.english=55;p->data.clanguage=78;
```

```
    p->data.ave=(p->data.math+p->data.english+p->data.clanguage)/3;
    q->next=p;q=p;
    p=(LinkList)malloc(sizeof(LNode));
    strcpy(p->data.sno,"2018000202");
    strcpy(p->data.password,"202");
    strcpy(p->data.sname,"郑七");
    strcpy(p->data.dept,"机械工程学院");
    strcpy(p->data.clas,"机电 B182");
    p->data.math=83;p->data.english=94;p->data.clanguage=68;
    p->data.ave=(p->data.math+p->data.english+p->data.clanguage)/3;
    q->next=p;q=p;
    p=(LinkList)malloc(sizeof(LNode));
    strcpy(p->data.sno,"2018000301");
    strcpy(p->data.password,"301");
    strcpy(p->data.sname,"王八");
    strcpy(p->data.dept,"工商学院");
    strcpy(p->data.clas,"会计 B182");
    p->data.math=61;p->data.english=72;p->data.clanguage=83;
    p->data.ave=(p->data.math+p->data.english+p->data.clanguage)/3;
    q->next=p;q=p;
    p=(LinkList)malloc(sizeof(LNode));
    strcpy(p->data.sno,"2018000302");
    strcpy(p->data.password,"302");
    strcpy(p->data.sname,"冯九");
    strcpy(p->data.dept,"工商学院");
    strcpy(p->data.clas,"会计 B182");
    p->data.math=62;p->data.english=84;p->data.clanguage=73;
    p->data.ave=(p->data.math+p->data.english+p->data.clanguage)/3;
    q->next=p;q=p;
    p=(LinkList)malloc(sizeof(LNode));
    strcpy(p->data.sno,"2018000303");
    strcpy(p->data.password,"303");
    strcpy(p->data.sname,"陈十");
    strcpy(p->data.dept,"工商学院");
    strcpy(p->data.clas,"会计 B182");
    p->data.math=74;p->data.english=63;p->data.clanguage=85;
    p->data.ave=(p->data.math+p->data.english+p->data.clanguage)/3;
    q->next=p;p->next=NULL;

}
void login()
{
    char acc[21];
    char pas[21];
    int error=0;//登录错误原因。0：还未登录；1：用户名不存在；2：密码错误
    LinkList p;
    while(1)
    {
        p=head;
```

```
        system("cls");
        printf("\n\n\n");
        printf("\t┌──────────────────────────────┐\n");
        printf("\t|\t\t\t\t\t\t\t\t  |\n");
        printf("\t|    欢迎进入：\t\t\t\t\t\t  |\n");
        printf("\t|\t\t\t\t\t\t\t\t  |\n");
        printf("\t|\t\t\t\t\t\t\t\t  |\n");
        printf("\t|\t\t   ----成绩管理系统----\t\t\t  |\n");
        printf("\t|\t\t\t\t\t\t\t\t  |\n");
        printf("\t|\t\t\t\t\t\t\t\t  |\n");
        printf("\t|\t\t\t\t\t班    级：软件B182\t  |\n");
        printf("\t|\t\t\t\t\t指导老师：崔妍、樊迪\t  |\n");
        printf("\t|\t\t\t\t\t制    作：姜彦旭、杜艾祺  |\n");
        printf("\t└──────────────────────────────┘\n\n");
        if(error==1) printf("\t用户名不存在！\n");
        else   if(error==2) printf("\t密码错误！\n");
        printf("\t\t\t    请输入用户名：");
        gets(acc);
        printf("\t\t\t    请输入密  码：");
        gets(pas);
        while(p!=NULL)
        {
            if(strcmp(p->data.sno,acc)==0)
            {
                error=2;
                if(strcmp(p->data.password,pas)==0)
                {
                    power=strcmp(acc,"admin")?2:1;
                    strcpy(name,p->data.sname);
                    user=p;
                    return;
                }
                break;
            }
            p=p->next;
        }
        if(error!=2) error=1;
    }
}
void addstu()
{
    LinkList p=head,add=(LinkList)malloc(sizeof(LNode));
    system("cls");
    printf("\n\n\n");
    printf("\t┌─────────────────────────────┐\n");
    printf("\t|\t\t\t\t\t\t\t\t|\n");
    printf("\t|\t成绩管理系统->增加学生信息\t\t\t\t|\n");
    printf("\t|\t信息规范：\t\t\t\t\t\t|\n");
    printf("\t|\t\t\t学号：10位数字\t\t\t\t|\n");
```

```
printf("\t│\t\t\t 姓名：少于 10 个字符\t\t\t│\n");
printf("\t│\t\t\t 院系：少于 20 个字符\t\t\t│\n");
printf("\t│\t\t\t 班级：少于 20 个字符\t\t\t│\n");
printf("\t│\t\t\t 密码：少于 20 个字符\t\t\t│\n");
printf("\t│\t\t\t 数学成绩：0-100 分\t\t\t│\n");
printf("\t│\t\t\t 英语成绩：0-100 分\t\t\t│\n");
printf("\t│\t\t\tC 语言成绩：0-100 分\t\t\t│\n");
printf("\t│\t\t\t\t\t\t\t\t│\n");
printf("\t└──────────────────────────────────────┘\n\n");
printf("\t 请输入学号：");
if(input(add->data.sno,11,1,1))
{
    printf("学号输入有误！按任意键返回上一级……");
    getch();
    return ;
}
printf("\t 请输入姓名：");
if(input(add->data.sname,11,2,1))
{
    printf("姓名输入有误！按任意键返回上一级……");
    getch();
    return ;
}
printf("\t 请输入院系：");
if(input(add->data.dept,21,2,1))
{
    printf("院系输入有误！按任意键返回上一级……");
    getch();
    return ;
}
printf("\t 请输入班级：");
if(input(add->data.clas,11,2,1))
{
    printf("班级输入有误！按任意键返回上一级……");
    getch();
    return ;
}
printf("\t 请输入密码：");
if(input(add->data.password,11,2,1))
{
    printf("密码输入有误！按任意键返回上一级……");
    getch();
    return ;
}
printf("\t 请输入数学成绩：");
if(input(&(add->data.math),0,0,1))
{
    printf("数学成绩输入有误！按任意键返回上一级……");
    getch();
```

```
        return ;
    }
    printf("\t 请输入英语成绩：");
    if(input(&(add->data.english),0,0,1))
    {
        printf("英语成绩输入有误！按任意键返回上一级......");
        getch();
        return ;
    }
    printf("\t 请输入 C 语言成绩：");
    if(input(&(add->data.clanguage),0,0,1))
    {
        printf("C 语言成绩输入有误！按任意键返回上一级......");
        getch();
        return ;
    }
    add->data.ave=(add->data.math+add->data.english+add->data.clanguage)/3;
    while(p->next)p=p->next;
    p->next=add;
    add->next=NULL;
    printf("\t\t\t*****输入成功！按任意键返回上一级*****");
    getch();
}
void querystu()
{
    LinkList p=head;
    system("cls");
    printf("\n\n\n");
    printf("┌──────────────────────────────────────┐\n");
    printf("│\t\t\t\t\t\t\t\t\t    │\n");
    printf("│\t 成绩管理系统->查询学生信息\t\t\t\t\t    │\n");
    printf("│\t\t\t\t\t\t\t\t\t    │\n");
    printf("│┌────────┬────┬────────┬─────┬───┬───┬───┬───┐    │\n");
    printf("││   学号  │ 姓名 │    院系   │  班级  │数学│英语│ C 语言  │平均│    │\n");
    printf("│├────────┼────┼────────┼─────┼───┼───┼───┼───┤    │\n");
    while(p->next)
    {
        printf("││%10s│%6s│%12s│%8s│%4.0f│%4.0f│%4.0f│%4.0f│    │\n",p->next->
data.sno,p->next->data.sname,p->next->data.dept,p->next->data.clas,p->next->data.
math,p->next->data.english,p->next->data.clanguage,p->next->data.ave);
        p=p->next;
    }
    printf("│└────────┴────┴────────┴─────┴───┴───┴───┴───┘    │\n");
    printf("│\t\t\t\t\t\t\t\t\t    │\n");
    printf("└──────────────────────────────────────┘\n\n");
    printf("\t\t\t\t\t*****按任意键返回上一级*****");
    getch();
}
void querygroupclas(char *classname)
```

```
    {
        LinkList p=head;
        int num=0;
        float math=0,english=0,clanguage=0,ave=0;
        int mgood=0,egood=0,cgood=0;
        int mbad=0,ebad=0,cbad=0;
        system("cls");
        printf("\n\n\n");
        printf("┌──────────────────────────────────────┐\n");
        printf("│\t\t\t\t\t\t\t\t\t\t    │\n");
        printf("│\t成绩管理系统->查询\"%s\"班级信息\t\t\t    │\n",classname);
        printf("│\t\t\t\t\t\t\t\t\t\t    │\n");
        printf("│┌────┬──┬──────┬──┬──┬──┬──┐  │\n");
        printf("││    学号  │姓名│      院系      │数学│英语│C语言│平均│  │\n");
        printf("│├────┼──┼──────┼──┼──┼──┼──┤  │\n");
        while(p->next)
        {
            if(strcmp(p->next->data.clas,classname)==0)
            {
                num++;
                if(p->next->data.math>=90)mgood+=1;
                if(p->next->data.math<60)mbad+=1;
                if(p->next->data.english>=90)egood+=1;
                if(p->next->data.english<60)ebad+=1;
                if(p->next->data.clanguage>=90)cgood+=1;
                if(p->next->data.clanguage<60)cbad+=1;
                math+=p->next->data.math;english+=p->next->data.english;clanguage+=
p->next->data.clanguage;ave+=p->next->data.ave;
        printf("││%10s│%6s│%16s│%6.2f│%6.2f│%6.2f│%6.2f│  │\n",p->next->data.sno,
p->next->data.sname,p->next->data.dept,p->next->data.math,p->next->data.english,
p->next->data.clanguage,p->next->data.ave);
            }
            p=p->next;
        }
        printf("│├────┴──┴──────┼──┼──┼──┼──┤  │\n");
        printf("││\t\t总平均成绩\t\t│%6.2f│%6.2f│%6.2f│%6.2f│  │\n",math/num,
english/num,clanguage/num,ave/num);
        printf("│└─────────────┴──┴──┴──┴──┘  │\n");
        printf("│\t\t统计:\t\t\t\t\t\t\t    │\n");
        printf("│\t\t┌────┬────┬────┬────┐\t\t    │\n");
        printf("│\t\t│        │  数学  │  英语  │ C语言  │\t\t    │\n");
        printf("│\t\t├────┼────┼────┼────┤\t\t    │\n");
        printf("│\t\t│优秀人数│%4d    │%4d    │%4d    │\t\t    │\n",mgood,egood,cgood);
        printf("│\t\t│优 秀 率│%5.1f%% │%5.1f%% │%5.1f%% │\t\t    │\n",mgood*100.0/
num,egood*100.0/num,cgood*100.0/num);
        printf("│\t\t│不及格数│%4d    │%4d    │%4d    │\t\t    │\n",mbad,ebad,cbad);
        printf("│\t\t│不及格率│%5.1f%% │%5.1f%% │%5.1f%% │\t\t    │\n",mbad*100.0/
num,ebad*100.0/num,cbad*100.0/num);
        printf("│\t\t└────┴────┴────┴────┘\t\t    │\n");
```

```
    printf("│\t\t\t\t\t\t\t\t\t    │\n");
    printf("└──────────────────────────────────────┘\n\n");

    printf("\t\t\t*****按任意键返回查询信息界面*****");
    getch();
}
void querycla()
{
    char claslist[20][21];
    LinkList p=head;
    int i,n=0,error=0;
    while(p->next)//将所有班级名称存入字符数组中，种类限制为 20
    {
        for(i=0;i<n;i++)
            if(strcmp(claslist[i],p->next->data.clas)==0)
                break;
        if(i==n)//break 没有运行过，data.clas 没有和 claslist 中的班级进行匹配
        {
            strcpy(claslist[i],p->next->data.clas);
            n++;
        }
        p=p->next;
    }
    while(1)
    {
        system("cls");
        printf("\n\n\n");
        printf("\t┌──────────────────────────────────────┐\n");
        printf("\t│\t\t\t\t\t\t\t\t\t│\n");
        printf("\t│\t成绩管理系统->查询班级信息\t\t\t\t│\n");
        printf("\t│\t请选择班级：\t\t\t\t\t\t│\n");
        for(i=0;i<n;i++)
        printf("\t│\t\t\t%d、%20s\t\t\t│\n",i+1,claslist[i]);
        printf("\t│\t\t\t\t\t\t\t\t\t│\n");
        printf("\t│\t\t\t0、            返回上一级\t\t\t│\n");
        printf("\t│\t\t\t\t\t\t\t\t\t│\n");
        printf("\t└──────────────────────────────────────┘\n\n");
        if (!error) printf("\t请输入数字（0-%d）：",n);
        else if(error) printf("\t输入错误，请输入数字（0-%d）：",n);
        i=getch();
        if(i==48)
            return;
        else if(i<49||i>48+n)
        {error=1;break;}
        else
        {
            querygroupclas(claslist[i-49]);
            return;
        }
```

```
        }
    }
    void querygroupdept(char *deptname)
    {
        LinkList p=head;
        int num=0;
        float math=0,english=0,clanguage=0,ave=0;
        int mgood=0,egood=0,cgood=0;
        int mbad=0,ebad=0,cbad=0;
        system("cls");
        printf("\n\n\n");
        printf("┌──────────────────────────────────────┐\n");
        printf("│\t\t\t\t\t\t\t\t\t   │\n");
        printf("│\t成绩管理系统->查询\"%s\"院系信息\t\t\t   │\n",deptname);
        printf("│\t\t\t\t\t\t\t\t\t   │\n");
        printf("│┌─────┬───┬───────┬───┬───┬───┬───┐ │\n");
        printf("││   学号  │ 姓名 │      院系      │ 数学 │ 英语 │ C语言│ 平均 │  │\n");
        printf("│├─────┼───┼───────┼───┼───┼───┼───┤ │\n");
        while(p->next)
        {
            if(strcmp(p->next->data.dept,deptname)==0)
            {
                num++;
                if(p->next->data.math>=90)mgood+=1;
                if(p->next->data.math<60)mbad+=1;
                if(p->next->data.english>=90)egood+=1;
                if(p->next->data.english<60)ebad+=1;
                if(p->next->data.clanguage>=90)cgood+=1;
                if(p->next->data.clanguage<60)cbad+=1;
                math+=p->next->data.math;english+=p->next->data.english;clanguage+=
p->next->data.clanguage;ave+=p->next->data.ave;
        printf("││%10s│%6s│%16s│%6.2f│%6.2f│%6.2f│%6.2f│  │\n",p->next->data.sno,
p->next->data.sname,p->next->data.clas,p->next->data.math,p->next->data.english,
p->next->data.clanguage,p->next->data.ave);
            }
            p=p->next;
        }
        printf("│├─────┴───┴───────┼───┼───┼───┼───┤ │\n");
        printf("││\t\t   总   平   均   成   绩   \t\t│%6.2f│%6.2f│%6.2f│%6.2f│
│\n",math/num,english/num,clanguage/num,ave/num);
        printf("│└─────────────────┴───┴───┴───┴───┘ │\n");
        printf("│\t\t统计：\t\t\t\t\t\t\t   │\n");
        printf("│\t\t┌─────┬────┬────┬────┐\t\t   │\n");
        printf("│\t\t│          │  数学  │  英语  │ C语言  │\t\t   │\n");
        printf("│\t\t├─────┼────┼────┼────┤\t\t   │\n");
        printf("│\t\t│ 优 秀 人 数  │   %4d      │   %4d       │   %4d       │\t\t
│\n",mgood,egood,cgood);
        printf("│\t\t│  优   秀   率   │  %5.1f%%   │  %5.1f%%   │  %5.1f%%   │\t\t
│\n",mgood*100.0/num,egood*100.0/num,cgood*100.0/num);
```

```
    printf("│\t\t│  不 及 格 数  │  %4d      │  %4d      │  %4d      │\t\t
│\n",mbad,ebad,cbad);
    printf("│\t\t│  不 及 格 率  │  %5.1f%%  │  %5.1f%%  │  %5.1f%%  │\t\t
│\n",mbad*100.0/num,ebad*100.0/num,cbad*100.0/num);
    printf("│\t\t└─────┴─────┴─────┴─────┘\t\t  │\n");
    printf("│\t\t\t\t\t\t\t\t\t  │\n");
    printf("└────────────────────────────────────────┘\n\n");

    printf("\t\t\t*****按任意键返回查询信息界面*****");
    getch();
  }
  void querydep()
  {
    char deptlist[20][21];
    LinkList p=head;
    int i,n=0,error=0;
    while(p->next)//将所有班级名称存入字符数组中，种类限制为 20
    {
      for(i=0;i<n;i++)
        if(strcmp(deptlist[i],p->next->data.dept)==0)
          break;
      if(i==n)
      {
        strcpy(deptlist[i],p->next->data.dept);
        n++;
      }
      p=p->next;
    }
    while(1)
    {
      system("cls");
      printf("\n\n\n");
      printf("\t┌────────────────────────────────────┐\n");
      printf("\t│\t\t\t\t\t\t\t\t│\n");
      printf("\t│\t成绩管理系统->查询院系信息\t\t\t\t│\n");
      printf("\t│\t请选择院系：\t\t\t\t\t\t│\n");
      for(i=0;i<n;i++)
      printf("\t│\t\t\t%d、%20s\t\t\t│\n",i+1,deptlist[i]);
      printf("\t│\t\t\t\t\t\t\t\t│\n");
      printf("\t│\t\t\t0、          返回上一级\t\t\t│\n");
      printf("\t│\t\t\t\t\t\t\t\t│\n");
      printf("\t└────────────────────────────────────┘\n\n");
      if (!error) printf("\t请输入数字（0-%d）：",n);
      else if(error) printf("\t输入错误，请输入数字（0-%d）：",n);
      i=getch();
      if(i==48)
        return;
      else if(i<49||i>48+n)
      {error=1;break;}
```

```
        else
        {
            querygroupdept(deptlist[i-49]);
            return;
        }
    }
}
void query()
{
    int error=0;
    while(1)
    {
        system("cls");
        printf("\n\n\n");
        printf("\t┌──────────────────────────────────┐\n");
        printf("\t│\t\t\t\t\t\t\t\t│\n");
        printf("\t│\t成绩管理系统->查询信息\t\t\t\t│\n");
        printf("\t│\t请选择功能：\t\t\t\t\t\t│\n");
        printf("\t│\t\t\t%d、学生信息查询\t\t\t\t│\n",1);
        printf("\t│\t\t\t%d、班级信息查询\t\t\t\t│\n",2);
        printf("\t│\t\t\t%d、院系信息查询\t\t\t\t│\n",3);
        printf("\t│\t\t\t\t\t\t\t\t│\n");
        printf("\t│\t\t\t0、返回上一级\t\t\t\t│\n");
        printf("\t│\t\t\t\t\t\t\t\t│\n");
        printf("\t└──────────────────────────────────┘\n\n");
        if (!error) printf("\t请输入数字（0-5）：");
        else if(error) printf("\t输入错误，请输入数字（0-5）：");
        switch(getch())
        {
            case '1':
                querystu();
                error=0;break;
            case '2':
                querycla();
                error=0;break;
            case '3':
                querydep();
                error=0;break;
            case '0':return;
            default :error=1;
        }
    }
}
void modifystu()
{
    LinkList p=head;
    LinkList add=(LinkList)malloc(sizeof(LNode));
    while(p->next!=user);
    system("cls");
```

```
    printf("\n\n\n");
    printf("\t┌──────────────────────────────────┐\n");
    printf("\t│\t\t\t\t\t\t\t\t│\n");
    printf("\t│\t成绩管理系统->修改学号为%10s 学生的信息\t│\n",user->data.sno);
    printf("\t│\t信息规范：\t\t\t\t\t\t│\n");
    printf("\t│\t\t\t学号：10 位数字\t\t\t\t│\n");
    printf("\t│\t\t\t姓名：少于 10 个字符\t\t\t│\n");
    printf("\t│\t\t\t院系：少于 20 个字符\t\t\t│\n");
    printf("\t│\t\t\t班级：少于 20 个字符\t\t\t│\n");
    printf("\t│\t\t\t密码：少于 20 个字符\t\t\t│\n");
    printf("\t│\t\t\t数学成绩：0-100 分\t\t\t│\n");
    printf("\t│\t\t\t英语成绩：0-100 分\t\t\t│\n");
    printf("\t│\t\t\tC 语言成绩：0-100 分\t\t\t│\n");
    printf("\t│\t\t\t\t\t\t\t\t│\n");
    printf("\t└──────────────────────────────────┘\n\n");
    printf("\t 请输入学号：");
    if(input(add->data.sno,11,1,1))
    {
        printf("学号输入有误！按任意键返回上一级……");
        getch();
        return ;
    }
    printf("\t 请输入姓名：");
    if(input(add->data.sname,11,2,1))
    {
        printf("姓名输入有误！按任意键返回上一级……");
        getch();
        return ;
    }
    printf("\t 请输入院系：");
    if(input(add->data.dept,21,2,1))
    {
        printf("院系输入有误！按任意键返回上一级……");
        getch();
        return ;
    }
    printf("\t 请输入班级：");
    if(input(add->data.clas,11,2,1))
    {
        printf("班级输入有误！按任意键返回上一级……");
        getch();
        return ;
    }
    printf("\t 请输入密码：");
    if(input(add->data.password,11,2,1))
    {
        printf("密码输入有误！按任意键返回上一级……");
        getch();
        return ;
```

```
        }
        printf("\t 请输入数学成绩：");
        if(input(&(add->data.math),0,0,1))
        {
            printf("数学成绩输入有误！按任意键返回上一级……");
            getch();
            return ;
        }
        printf("\t 请输入英语成绩：");
        if(input(&(add->data.english),0,0,1))
        {
            printf("英语成绩输入有误！按任意键返回上一级……");
            getch();
            return ;
        }
        printf("\t 请输入 C 语言成绩：");
        if(input(&(add->data.clanguage),0,0,1))
        {
            printf("C 语言成绩输入有误！按任意键返回上一级……");
            getch();
            return ;
        }
        add->data.ave=(add->data.math+add->data.english+add->data.clanguage)/3;
        add->next=p->next->next;
        free(user);
        user=add;
        p->next=add;
        printf("\t\t\t*****输入成功！按任意键返回上一级*****");
        getch();
    }
    void modifyadm()
    {
        LinkList p=head;
        LinkList add;
        char sno[11];
        system("cls");
        printf("\n\n\n");
        printf("┌──────────────────────────────────────┐\n");
        printf("│\t\t\t\t\t\t\t\t\t    │\n");
        printf("│\t 成绩管理系统->修改学生信息\t\t\t\t\t    │\n");
        printf("│\t\t\t\t\t\t\t\t\t    │\n");
        printf("│┌──────┬────┬──────┬────┬──┬──┬──┬──┐      │\n");
        printf("││    学号  │ 姓名 │     院系     │  班级  │数学│英语│ C 语言  │平均│      │\n");
        printf("│├──────┼────┼──────┼────┼──┼──┼──┼──┤      │\n");
        while(p->next)
        {
            printf("││%10s│%6s│%12s│%8s│%4.0f│%4.0f│%4.0f│%4.0f│     │\n",p->next->
data.sno,p->next->data.sname,p->next->data.dept,p->next->data.clas,p->next->data.
math,p->next->data.english,p->next->data.clanguage,p->next->data.ave);
```

```
        p=p->next;
    }
    printf("│└─────┴─────┴──────────┴─────┴────┴────┴────┴────┘     │\n");
    printf("│\t\t\t\t\t\t\t\t\t    │\n");
    printf("└──────────────────────────────────────────────────────┘\n\n");
    printf("\t\t\t 请输入要修改学生的学号（10 位数字）：");
    if(input(sno,11,1,0))
    {
        printf("\t\t\t 学号输入有误！按任意键返回上一级……");
        getch();
        return ;
    }
    p=head;
    for(;p->next;p=p->next)
        if (strcmp(p->next->data.sno,sno)==0)
            break;
    if(p->next==NULL)
    {
        printf("\t\t\t 输入的学号不存在！按任意键返回上一级……");
        getch();
        return ;
    }
    else
    {
        add=(LinkList)malloc(sizeof(LNode));
        system("cls");
        printf("\n\n\n");
        printf("\t┌──────────────────────────────────────────────┐\n");
        printf("\t│\t\t\t\t\t\t\t\t│\n");
        printf("\t│\t 成绩管理系统->修改学号为%10s 学生的信息\t│\n",sno);
        printf("\t│\t 信息规范：\t\t\t\t\t\t│\n");
        printf("\t│\t\t\t 学号：10 位数字\t\t\t\t│\n");
        printf("\t│\t\t\t 姓名：少于 10 个字符\t\t\t│\n");
        printf("\t│\t\t\t 院系：少于 20 个字符\t\t\t│\n");
        printf("\t│\t\t\t 班级：少于 20 个字符\t\t\t│\n");
        printf("\t│\t\t\t 密码：少于 20 个字符\t\t\t│\n");
        printf("\t│\t\t\t 数学成绩：0-100 分\t\t\t│\n");
        printf("\t│\t\t\t 英语成绩：0-100 分\t\t\t│\n");
        printf("\t│\t\t\tC 语言成绩：0-100 分\t\t\t│\n");
        printf("\t│\t\t\t\t\t\t\t\t│\n");
        printf("\t└──────────────────────────────────────────────┘\n\n");
        printf("\t 请输入学号：");
        if(input(add->data.sno,11,1,1))
        {
            printf("学号输入有误！按任意键返回上一级……");
            getch();
            return ;
        }
        printf("\t 请输入姓名：");
```

```
    if(input(add->data.sname,11,2,1))
    {
        printf("姓名输入有误！按任意键返回上一级……");
        getch();
        return ;
    }
    printf("\t 请输入院系：");
    if(input(add->data.dept,21,2,1))
    {
        printf("院系输入有误！按任意键返回上一级……");
        getch();
        return ;
    }
    printf("\t 请输入班级：");
    if(input(add->data.clas,11,2,1))
    {
        printf("班级输入有误！按任意键返回上一级……");
        getch();
        return ;
    }
    printf("\t 请输入密码：");
    if(input(add->data.password,11,2,1))
    {
        printf("密码输入有误！按任意键返回上一级……");
        getch();
        return ;
    }
    printf("\t 请输入数学成绩：");
    if(input(&(add->data.math),0,0,1))
    {
        printf("数学成绩输入有误！按任意键返回上一级……");
        getch();
        return ;
    }
    printf("\t 请输入英语成绩：");
    if(input(&(add->data.english),0,0,1))
    {
        printf("英语成绩输入有误！按任意键返回上一级……");
        getch();
        return ;
    }
    printf("\t 请输入C语言成绩：");
    if(input(&(add->data.clanguage),0,0,1))
    {
        printf("C语言成绩输入有误！按任意键返回上一级……");
        getch();
        return ;
    }
    add->data.ave=(add->data.math+add->data.english+add->data.clanguage)/3;
```

```
            add->next=p->next->next;
            free(p->next);
            p->next=add;
            printf("\t\t\t*****输入成功！按任意键返回上一级*****");
            getch();
        }
    }
    void deletestu()
    {
        LinkList p=head,q;
        char sno[11];
        system("cls");
        printf("\n\n\n");
        printf("┌──────────────────────────────────────┐\n");
        printf("│\t\t\t\t\t\t\t\t\t    │\n");
        printf("│\t成绩管理系统->删除学生信息\t\t\t\t\t    │\n");
        printf("│\t\t\t\t\t\t\t\t\t    │\n");
        printf("│┌─────┬───┬─────┬────┬──┬──┬──┬──┐    │\n");
        printf("││   学号   │ 姓名 │   院系   │  班级  │数学│英语│ C语言  │平均│    │\n");
        printf("│├─────┼───┼─────┼────┼──┼──┼──┼──┤    │\n");
        while(p->next)
        {
            printf("││%10s│%6s│%12s│%8s│%4.0f│%4.0f│%4.0f│%4.0f│    │\n",p->next->
data.sno,p->next->data.sname,p->next->data.dept,p->next->data.clas,p->next->data.
math,p->next->data.english,p->next->data.clanguage,p->next->data.ave);
            p=p->next;
        }
        printf("│└─────┴───┴─────┴────┴──┴──┴──┴──┘    │\n");
        printf("│\t\t\t\t\t\t\t\t\t    │\n");
        printf("└──────────────────────────────────────┘\n\n");
        printf("\t\t\t请输入要删除学生的学号（10位数字）：");
        if(input(sno,11,1,0))
        {
            printf("\t\t\t学号输入有误！按任意键返回上一级……");
            getch();
            return ;
        }
        p=head;
        for(;p->next;p=p->next)
            if (strcmp(p->next->data.sno,sno)==0)
                break;
        if(p->next==NULL)
        {
            printf("\t\t\t输入的学号不存在！按任意键返回上一级……");
            getch();
            return ;
        }
        else
        {
```

```
        q=p->next;
        p->next=p->next->next;
        free(q);
        printf("\t\t\t\t*****删除成功！按任意键返回上一级*****");
        getch();
    }
}
void interface()
{
    int error=0,num;
    while(1)
    {
        num=0;
        system("cls");
        printf("\n\n\n");
        printf("\t┌──────────────────────────────────────┐\n");
        printf("\t│\t\t\t\t\t\t\t\t│\n");
        printf("\t│\t成绩管理系统  你好,%s! \t\t\t\t│\n",name);
        printf("\t│\t请选择功能: \t\t\t\t\t\t│\n");
        printf("\t│\t\t\t%d、修改学生信息\t\t\t\t│\n",++num);
        printf("\t│\t\t\t%d、查询学生信息\t\t\t\t│\n",++num);
        if (power==1)
        printf("\t│\t\t\t%d、增加学生信息\t\t\t\t│\n",++num);
        if (power==1)
        printf("\t│\t\t\t%d、删除学生信息\t\t\t\t│\n",++num);
        printf("\t│\t\t\t\t\t\t\t\t│\n");
        printf("\t│\t\t\t0、注销用户登录\t\t\t\t│\n");
        printf("\t│\t\t\tE、退出成绩管理系统\t\t\t│\n");
        printf("\t│\t\t\t\t\t\t\t\t│\n");
        printf("\t└──────────────────────────────────────┘\n\n");
        if (!error) printf("\t请输入数字（0-%d、ESC）: ",num);
        else if(error) printf("\t输入错误，请输入数字（0-%d、ESC）: ",num);
        switch(getch())
        {
            case '1':
                if(power==1)
                    modifyadm();
                else
                    modifystu();
                error=0;break;
            case '2':
                query();
                error=0;break;
            case '3':
                if(power!=1){error=1;break;}
                addstu();
                error=0;break;
            case '4':
                if(power!=1){error=1;break;}
```

```
                deletestu();
                error=0;break;
            case '0':power=0;return;
            case 27 :exit(0);
            default :error=1;
        }
        printf("\n######\n");
    }
}
int main()
{
    init();
    while(1)
    {
        login();
        interface();
    }
}
```

附录C

成绩管理系统基于函数指针的实现方法

```
#include<stdio.h>
#include<stdlib.h>
#include<string.h>
const char LOGIN_FILE[20] = ".\\LoginInfo.txt";
const char PERSON_FILE[20] = ".\\PersonInfo.txt";
const int MAX_SIZE = 5;
const int INCREASE = 5;

//学生结构体
typedef struct Person{
    char sno[20];                           //学号
    char sname[20];                         //姓名
    char dept[10];                          //院系
    char class[12];                         //班级
    float math;                             //数学成绩
    float english;                          //英语成绩
    float clanguage;                        //C 语言成绩
    float ave;                              //平均成绩
}Person;

//登录信息结构体
typedef struct LoginInfo{
    char type[10];
    char userName[20];
    char passWord[20];
}LoginInfo;

//结构体容器
typedef struct ArrayList{
    struct LoginInfo *loginInfos;
    int lengthOfLoginInfos;
    int sizeofLoginInfos;
    struct Person *persons;
    int lengthOfPersons;
    int sizeofPersons;
}ArrayList;
```

```
//容器
ArrayList* initArrayList();                          //初始化结构体容器
ArrayList* inflateLoginInfos(ArrayList *arrayList); //扩容
ArrayList* inflatePersons(ArrayList *arrayList);     //扩容

//菜单
void checkLogin(ArrayList *arrayList);               //登录验证
void printAdminMenu(ArrayList *arrayList);           //管理员菜单
void printPersonMenu(ArrayList *arrayList);          //用户菜单

//登录信息
ArrayList* getLoginInfo(ArrayList *arrayList);       //从硬盘读数据存入内存中
void saveLoginInfo(ArrayList *arrayList);            //从内存追加数据存入硬盘中
void refreshLoginInfo(ArrayList *arrayList);         //从内存重写数据存入硬盘中
void insertLoginInfo(ArrayList *arrayList);          //插入数据
void deleteLoginInfo(ArrayList *arrayList);          //删除数据
void updateLoginInfo(ArrayList *arrayList);          //修改数据
void showLoginInfos(ArrayList *arrayList);           //查询所有数据
void showLoginInfoByUserName(ArrayList *arrayList); //查询一条数据

//成绩信息
ArrayList* getPersonInfo(ArrayList *arrayList);      //从硬盘读数据存入内存中
void savePersonInfo(ArrayList *arrayList);           //从内存追加数据存入硬盘中
void refreshPersonInfo(ArrayList *arrayList);        //从内存重写数据存入硬盘中
void insertPersonInfo(ArrayList *arrayList);         //插入数据
void deletePersonInfo(ArrayList *arrayList);         //删除数据
void updatePersonInfo(ArrayList *arrayList);         //修改数据
void showPersons(ArrayList *arrayList);              //查询所有数据
void showPersonBySno(ArrayList *arrayList);          //查询一条数据
void sortByAve(ArrayList *arrayList);                //排序
void countPersonsInfo(ArrayList *arrayList);         //统计

ArrayList* getLoginInfo(ArrayList *arrayList){
    FILE *readTarget;
    if((readTarget = fopen(LOGIN_FILE,"a+b")) == NULL){
        printf("打开目标文件失败\n");
        exit(-1);
    }
    arrayList->lengthOfLoginInfos = 0;
    char ch = fgetc(readTarget);
    if(ch == EOF){
        arrayList = NULL;
        printf("暂无登录信息记录!!!\n");
    }else{
        rewind(readTarget);
         while(fread(&arrayList->loginInfos[arrayList->lengthOfLoginInfos],
sizeof(LoginInfo),1,readTarget))
```

```
    {
            arrayList->lengthOfLoginInfos++;
            if(arrayList->lengthOfLoginInfos == arrayList->sizeofLoginInfos){
                arrayList = inflateLoginInfos(arrayList);
            }
        }
        fclose(readTarget);
        printf("读取数据成功\n");
    }
    return arrayList;
}

void saveLoginInfo(ArrayList *arrayList){
    FILE *writeTarget = fopen(LOGIN_FILE,"a");  //追加数据
    char ch = fgetc(writeTarget);
    fwrite(&arrayList->loginInfos[arrayList->lengthOfLoginInfos - 1],sizeof
(LoginInfo),1,writeTarget);                    //写入一条数据
    printf("存储数据成功!!!\n");
    fclose(writeTarget);
}

void refreshLoginInfo(ArrayList *arrayList){
    FILE *writeTarget = fopen(LOGIN_FILE,"w"); //重写数据
    for(int i = 0;i < arrayList->lengthOfLoginInfos;i++){
        fwrite(&arrayList->loginInfos[i],sizeof(LoginInfo),1,writeTarget);
    }
    fclose(writeTarget);
    printf("刷新文件成功!!!\n");
}

void insertLoginInfo(ArrayList *arrayList){
    char type[10];
    char userName[20];
    char passWord[20];
    LoginInfo *loginInfo = (LoginInfo*)malloc(sizeof(LoginInfo));
    printf("请输入账号类型(admin/normal):\n");
    scanf("%s",type);
    if(strcmp(type,"admin") != 0 && strcmp(type,"normal") != 0){
        printf("账号类型错误，请输入'admin'或'normal'!!!\n");
        printAdminMenu(arrayList);
    }
    printf("请输入用户名：\n");
    scanf("%s",userName);
    printf("请输入密码：\n");
    scanf("%s",passWord);

    strcpy(loginInfo->type,type);
```

```
    strcpy(loginInfo->userName,userName);
    strcpy(loginInfo->passWord,passWord);

    arrayList->loginInfos[arrayList->lengthOfLoginInfos] = *loginInfo;
    arrayList->lengthOfLoginInfos++;

    ArrayList *tempList = (ArrayList*)malloc(sizeof(ArrayList));
    tempList->loginInfos = (LoginInfo*)malloc(sizeof(LoginInfo) * 20);
    tempList = getLoginInfo(tempList);
    int tag = 0;
    for(int i = 0;i < tempList->lengthOfLoginInfos;i++){
        if(strcmp(tempList->loginInfos[i].userName,loginInfo->userName) == 0){
            tag = 1;
        }
    }
    if(tag == 0){
        saveLoginInfo(arrayList);
    }else{
        printf("添加登录账户失败!!!\n");
        printf("此登录账户已存在!!!\n");
    }
    free(loginInfo);
    free(tempList);
}

void deleteLoginInfo(ArrayList *arrayList){
    char userName[20];
    printf("请输入要删除的账号\n");
    scanf("%s",userName);
    arrayList = getLoginInfo(arrayList);
    int tag = 0;
    for(int i = 0;i < arrayList->lengthOfLoginInfos;i++){
        if(strcmp(arrayList->loginInfos[i].userName,userName) == 0){
            for(int j = i;j < arrayList->lengthOfLoginInfos - 1;j++){
                arrayList->loginInfos[j] = arrayList->loginInfos[j + 1];
            }
            tag = 1;
            arrayList->lengthOfLoginInfos--;
        }
    }
    if(tag == 1){
        refreshLoginInfo(arrayList);
        printf("删除数据成功!!!\n");
    }else{
        printf("此账号不存在!!!\n");
    }
}
```

```
void updateLoginInfo(ArrayList *arrayList){
    arrayList = getLoginInfo(arrayList);
    char userName[20];
    char oldPassWord[20];
    char newPassWord[20];
    printf("请输入本人账号：\n");
    scanf("%s",userName);
    printf("请输入旧密码：\n");
    scanf("%s",oldPassWord);
    int tag = 0;
    for(int i = 0;i < arrayList->lengthOfLoginInfos;i++){
        if(strcmp(arrayList->loginInfos[i].userName,userName) == 0 && strcmp
(arrayList->loginInfos[i].passWord,oldPassWord) == 0){
            printf("账号密码校验成功!!!\n");
            printf("请输入新密码：\n");
            scanf("%s",newPassWord);
            strcpy(arrayList->loginInfos[i].passWord,newPassWord);
            tag = 1;
        }
    }
    if(tag == 1){
        refreshLoginInfo(arrayList);
        printf("修改密码成功!!!\n");
    }else{
        printf("账号密码校验失败!!!\n");
    }
}

void showLoginInfos(ArrayList *arrayList){
    arrayList = getLoginInfo(arrayList);
    if(arrayList == NULL){
        printf("存储记录为空!!!\n");
    }else{
        printf("----");printf("--------------------");printf("--------------
------");printf("--------------------\n");
        printf("|%20s|%20s|%20s|\n","数据类型","账号","密码");
        printf("----");printf("--------------------");printf("--------------
------");printf("--------------------\n");
        for(int i = 0;i < arrayList->lengthOfLoginInfos;i++){
            printf("|%20s|%20s|%20s|\n",arrayList->loginInfos[i].type,arrayList->
loginInfos[i].userName,arrayList->loginInfos[i].passWord);
            printf("----");printf("--------------------");printf("-----------
---------");printf("--------------------\n");
        }
    }
}
```

```
void showLoginInfoByUserName(ArrayList *arrayList){
    arrayList = getLoginInfo(arrayList);
    if(arrayList == NULL){
        printf("存储记录为空!!!\n");
    }else{
        char userName[20];
        printf("请输入要查询的账号：\n");
        scanf("%s",userName);
        int tag = 0;
        for(int i = 0;i < arrayList->lengthOfLoginInfos;i++){
            if(strcmp(arrayList->loginInfos[i].userName,userName) == 0){
                printf("----");printf("--------------------");printf("--------
------------");printf("--------------------\n");
                printf("|%20s|%20s|%20s|\n","数据类型","账号","密码");
                printf("|%20s|%20s|%20s|\n",arrayList->loginInfos[i].type,arrayList->
loginInfos[i].userName,arrayList->loginInfos[i].passWord);
                printf("----");printf("--------------------");printf("--------
------------");printf("--------------------\n");
                tag = 1;
            }
        }
        if(tag == 0){
            printf("此登录信息不存在!!!\n");
        }
    }
}

ArrayList* getPersonInfo(ArrayList *arrayList){
    FILE *readTarget;
    if((readTarget = fopen(PERSON_FILE,"a+b")) == NULL){
        printf("打开目标文件失败\n");
        exit(-1);
    }
    char ch;
    ch = fgetc(readTarget);
    if(ch == EOF){
        arrayList = NULL;
        printf("暂无学生成绩信息记录!!!\n");
    }else{
        rewind(readTarget);
        arrayList->lengthOfPersons = 0;
        while(fread(&arrayList->persons[arrayList->lengthOfPersons],sizeof
(Person),1,readTarget)){
            arrayList->lengthOfPersons++;
            if(arrayList->lengthOfPersons == arrayList->sizeofPersons){
                arrayList = inflatePersons(arrayList);
```

```
            }
        }
        fclose(readTarget);
        printf("读取数据成功!!!\n");
    }
    return arrayList;
}

void savePersonInfo(ArrayList *arrayList){
    FILE *writeTarget = fopen(PERSON_FILE,"a"); //追加数据
    fwrite(&arrayList->persons[arrayList->lengthOfPersons - 1],sizeof(Person),
1,writeTarget);                              //写入一条数据
    printf("存储数据成功!!!\n");
    fclose(writeTarget);
}

void refreshPersonInfo(ArrayList *arrayList){
    FILE *writeTarget = fopen(PERSON_FILE,"w"); //重写数据
    for(int i = 0;i < arrayList->lengthOfPersons;i++){
        fwrite(&arrayList->persons[i],sizeof(Person),1,writeTarget);
    }
    fclose(writeTarget);
    printf("刷新文件成功!!!\n");
}

void insertPersonInfo(ArrayList *arrayList){
    float math,english,clanguage;
    char sno[20];
    char sname[20];
    char dept[10];
    char class[10];
    Person *person = (Person*)malloc(sizeof(Person));
    printf("请输入学号：\n");
    scanf("%s",sno);
    printf("请输入姓名：\n");
    scanf("%s",sname);
    printf("请输入院系：\n");
    scanf("%s",dept);
    printf("请输入班级：\n");
    scanf("%s",class);
    printf("请输入数学成绩：\n");
    scanf("%f",&math);
    printf("请输入英语成绩：\n");
    scanf("%f",&english);
    printf("请输入C语言成绩：\n");
    scanf("%f",&clanguage);
```

```
    strcpy(person->sno,sno);
    strcpy(person->sname,sname);
    strcpy(person->dept,dept);
    strcpy(person->class,class);
    person->math = math;
    person->english = english;
    person->clanguage = clanguage;
    person->ave = (math + english + clanguage)/3;

    arrayList->persons[arrayList->lengthOfPersons] = *person;
    arrayList->lengthOfPersons++;

    ArrayList *tempList = (ArrayList*)malloc(sizeof(ArrayList));
    tempList->persons = (Person*)malloc(sizeof(Person) * 20);
    tempList = getPersonInfo(tempList);
    if(tempList == NULL){
        savePersonInfo(arrayList);
    }else{
        int tag = 0;
        for(int i = 0;i < tempList->lengthOfPersons;i++){
            if(strcmp(tempList->persons[i].sno,person->sno) == 0){
                tag = 1;
            }
        }
        if(tag == 0){
            savePersonInfo(arrayList);
        }else{
            printf("此学号的成绩信息已存在!!!\n");
            printf("添加成绩信息失败!!!\n");
        }
    }
    free(tempList);
    free(person);
}

void deletePersonInfo(ArrayList *arrayList){
    arrayList = getPersonInfo(arrayList);
    if(arrayList == NULL){
        printf("存储记录为空!!!\n");
    }else{
        char sno[20];
        printf("请输入要删除的学号: \n");
        scanf("%s",sno);
        int tag = 0;
        for(int i = 0;i < arrayList->lengthOfPersons;i++){
            if(strcmp(arrayList->persons[i].sno,sno) == 0){
                for(int j = i;j < arrayList->lengthOfPersons - 1;j++){
```

```
                    arrayList->persons[j] = arrayList->persons[j + 1];
                }
                arrayList->lengthOfPersons--;
                tag = 1;
            }
        }
        if(tag == 1){
            refreshPersonInfo(arrayList);
            printf("删除数据成功!!!\n");
        }else{
            printf("此学号不存在!!!\n");
        }
    }
}

void updatePersonInfo(ArrayList *arrayList){
    arrayList = getPersonInfo(arrayList);
    if(arrayList == NULL){
        printf("存储记录为空!!!\n");
    }else{
        char sno[20];
        float math,english,clanguage,ave;
        printf("请输入要修改信息的学号：\n");
        scanf("%s",sno);
        printf("请输入修改后的数学成绩：\n");
        scanf("%f",&math);
        printf("请输入修改后的英语成绩：\n");
        scanf("%f",&english);
        printf("请输入修改后的C语言成绩：\n");
        scanf("%f",&clanguage);
        int tag = 0;
        for(int i = 0;i < arrayList->lengthOfPersons;i++){
            if(strcmp(arrayList->persons[i].sno,sno) == 0){
                arrayList->persons[i].math = math;
                arrayList->persons[i].english = english;
                arrayList->persons[i].clanguage = clanguage;
                arrayList->persons[i].ave = (math + english + clanguage)/3;
                tag = 1;
            }
        }
        if(tag == 1){
            refreshPersonInfo(arrayList);
            printf("修改数据成功\n");
        }else{
            printf("此学号不存在!!!\n");
        }
    }
```

```
}

void showPersons(ArrayList *arrayList){
    arrayList = getPersonInfo(arrayList);
    if(arrayList == NULL){
        printf("存储记录为空!!!\n");
    }
    else{
        printf("---------");printf("------------");printf("------------");
printf("------------");printf("------------");printf("------------");printf("--
----------");printf("------------");printf("------------\n");
        printf("|%12s|%12s|%12s|%12s|%12s|%12s|%12s|%12s|\n","学号","姓名","院
系","班级","数学成绩","英语成绩","C语言成绩","平均成绩");
        printf("---------");printf("------------");printf("------------");
printf("------------");printf("------------");printf("------------");printf("--
----------");printf("------------");printf("------------\n");
        for(int i = 0;i < arrayList->lengthOfPersons;i++){
            printf("|%12s|%12s|%12s|%12s|%12.2f|%12.2f|%12.2f|%12.2f|\n",arrayList->
persons[i].sno,arrayList->persons[i].sname,arrayList->persons[i].dept,arrayList->
persons[i].class,arrayList->persons[i].math,arrayList->persons[i].english,
arrayList->persons[i].clanguage,arrayList->persons[i].ave);
            printf("---------");printf("------------");printf("------------");
printf("------------");printf("------------");printf("------------");printf("--
----------");printf("------------");printf("------------\n");
        }
    }
}

void showPersonBySno(ArrayList *arrayList){
    char sno[20];
    printf("请输入查询学号：\n");
    scanf("%s",sno);
    arrayList = getPersonInfo(arrayList);
    if(arrayList == NULL){
        printf("存储记录为空!!!\n");
    }else{
        int tag = 0;
        for(int i = 0;i < arrayList->lengthOfPersons;i++){
            if(strcmp(arrayList->persons[i].sno,sno) == 0){
                printf("---------");printf("------------");printf("------------");
printf("------------");printf("------------");printf("------------");printf("--
----------");printf("------------");printf("------------\n");
                printf("|%12s|%12s|%12s|%12s|%12s|%12s|%12s|%12s|\n","学号","姓
名","院系","班级","数学成绩","英语成绩","C语言成绩","平均成绩");
                printf("---------");printf("------------");printf("------------");
printf("------------");printf("------------");printf("------------");printf("--
----------");printf("------------");printf("------------\n");
```

```
                printf("|%12s|%12s|%12s|%12s|%12.2f|%12.2f|%12.2f|%12.2f|\n",
arrayList->persons[i].sno,arrayList->persons[i].sname,arrayList->persons[i].dept,
arrayList->persons[i].class,arrayList->persons[i].math,arrayList->persons[i].english,
arrayList->persons[i].clanguage,arrayList->persons[i].ave);
                printf("---------");printf("------------");printf("------------");
printf("------------");printf("------------");printf("------------");printf("--
----------");printf("------------");printf("------------\n");
                tag = 1;
            }
        }
        if(tag == 0){
            printf("此学号不存在!!!\n");
        }
    }
}

void sortByAve(ArrayList *arrayList){
    arrayList = getPersonInfo(arrayList);
    if(arrayList == NULL){
        printf("存储记录为空!!!\n");
    }else{
        //冒泡排序
        Person temp;
        for(int i = arrayList->lengthOfPersons - 1;i > 0;i--){
            for(int j = 0;j < i;j++){
                if(arrayList->persons[j].ave < arrayList->persons[j + 1].ave){
                    temp = arrayList->persons[j];
                    arrayList->persons[j] = arrayList->persons[j + 1];
                    arrayList->persons[j + 1] = temp;
                }
            }
        }

        printf("---------");printf("------------");printf("------------");
printf("------------");printf("------------");printf("------------");printf("--
----------");printf("------------");printf("------------\n");
        printf("|%12s|%12s|%12s|%12s|%12s|%12s|%12s|%12s|\n","学号","姓名","院
系","班级","数学成绩","英语成绩","C 语言成绩","平均成绩");
        printf("---------");printf("------------");printf("------------");
printf("------------");printf("------------");printf("------------");printf("--
----------");printf("------------");printf("------------\n");
        for(int i = 0;i < arrayList->lengthOfPersons;i++){
            printf("|%12s|%12s|%12s|%12s|%12.2f|%12.2f|%12.2f|%12.2f|\n",arrayList->
persons[i].sno,arrayList->persons[i].sname,arrayList->persons[i].dept,arrayList->
persons[i].class,arrayList->persons[i].math,arrayList->persons[i].english,
arrayList->persons[i].clanguage,arrayList->persons[i].ave);
            printf("---------");printf("------------");printf("------------");
```

```
printf("------------");printf("------------");printf("------------");printf("--
----------");printf("------------");printf("------------\n");
        }
    }
}

void countPersonsInfo(ArrayList *arrayList){
    int n;
    printf("请输入查询前?名平均分：\n");
    scanf("%d",&n);
    arrayList = getPersonInfo(arrayList);
    int numOfTotal = 0;
    int numOfFine = 0;
    int numOfPass = 0;
    int totalScore = 0;
    if(arrayList != NULL){
        numOfTotal = arrayList->lengthOfPersons;
        for(int i = 0;i < arrayList->lengthOfPersons;i++){
            if(arrayList->persons[i].ave >= 85){
                numOfFine++;
            }
            if(arrayList->persons[i].ave >= 60){
                numOfPass++;
            }
        }
        Person temp;
        for(int i = arrayList->lengthOfPersons - 1;i > 0;i--){
            for(int j = 0;j < i;j++){
                if(arrayList->persons[j].ave < arrayList->persons[j + 1].ave){
                    temp = arrayList->persons[j];
                    arrayList->persons[j] = arrayList->persons[j + 1];
                    arrayList->persons[j + 1] = temp;
                }
            }
        }

        for(int i = 0;i < n;i++){
            totalScore += arrayList->persons[i].ave * 3;
        }
    }
    printf("优秀人数：%d 人\n",numOfFine);
    printf("及格人数：%d 人\n",numOfPass);
    printf("优秀率：%d%%\n",numOfFine * 100/numOfTotal);
    printf("及格率：%d%%\n",numOfPass * 100/numOfTotal);
    printf("前%d 名平均分为%d\n",n,totalScore/n);
}
```

```
void printAdminMenu(ArrayList *arrayList){
    printf("************************************************************\n");
    printf("欢迎进入成绩管理系统管理员界面\n");
    printf("您可以进行以下操作\n");
    printf("1-->添加一个登录账户\n");
    printf("2-->查询全部登录账户信息\n");
    printf("3-->查询一个登录账户信息\n");
    printf("4-->删除一个登录账户\n");
    printf("5-->添加一条学生成绩信息\n");
    printf("6-->查询所有学生成绩信息\n");
    printf("7-->查询一条学生成绩信息\n");
    printf("8-->根据平均分排序学生成绩信息\n");
    printf("9-->删除一条学生成绩信息\n");
    printf("10-->修改一条学生成绩信息\n");
    printf("11-->输出统计信息\n");
    printf("12-->退出登录\n");
    printf("Control + C -->退出程序\n");
    int iChoice;
    printf("请输入您的操作：\n");
    scanf("%d",&iChoice);
    fflush(stdin);
    printf("************************************************************\n");
    while (iChoice < 1 || iChoice > 12){
        printf("请输入您的操作：\n");
        scanf("%d",&iChoice);
        fflush(stdin);
    }
    while(iChoice){
        switch(iChoice){
            case 1:
                insertLoginInfo(arrayList);
                break;
            case 2:
                showLoginInfos(arrayList);
                break;
            case 3:
                showLoginInfoByUserName(arrayList);
                break;
            case 4:
                deleteLoginInfo(arrayList);
                break;
            case 5:
                insertPersonInfo(arrayList);
                break;
            case 6:
                showPersons(arrayList);
                break;
```

```
            case 7:
                showPersonBySno(arrayList);
                break;
            case 8:
                sortByAve(arrayList);
                break;
            case 9:
                deletePersonInfo(arrayList);
                break;
            case 10:
                updatePersonInfo(arrayList);
                break;
            case 11:
                countPersonsInfo(arrayList);
                break;
            case 12:
                checkLogin(arrayList);
                break;
        }
        printAdminMenu(arrayList);
    }
}

void printPersonMenu(ArrayList *arrayList){
    printf("*************************************************************\n");
    printf("欢迎进入成绩管理系统用户界面\n");
    printf("您可以进行以下操作\n");
    printf("1-->查询所有学生成绩信息\n");
    printf("2-->查询一条学生成绩信息\n");
    printf("3-->根据平均分排序学生成绩信息\n");
    printf("4-->修改本人登录密码\n");
    printf("5-->输出统计信息\n");
    printf("6-->重新登录\n");
    printf("Control + C -->退出程序\n");
    int iChoice;
    printf("请输入您的操作：\n");
    scanf("%d",&iChoice);
    fflush(stdin);
    printf("*************************************************************\n");
    while (iChoice < 0 || iChoice > 5){
        printf("请输入您的操作：\n");
        scanf("%d",&iChoice);
        fflush(stdin);
    }

    while(iChoice){
        switch(iChoice){
```

```
            case 1:
                showPersons(arrayList);
                break;
            case 2:
                showPersonBySno(arrayList);
                break;
            case 3:
                sortByAve(arrayList);
                break;
            case 4:
                updateLoginInfo(arrayList);
                break;
            case 6:
                checkLogin(arrayList);
                break;
            case 5:
                countPersonsInfo(arrayList);
                break;
        }
        printPersonMenu(arrayList);
    }
}

void checkLogin(ArrayList *arrayList){
    FILE *readTarget = fopen("LoginInfo.txt","a+b");
    char ch = fgetc(readTarget);
    if(ch == EOF){
        char type[10] = "admin";
        char userName[20] = "super_admin";
        char passWord[20] = "super_admin";
        strcpy(arrayList->loginInfos[arrayList->lengthOfLoginInfos].type,type);
        strcpy(arrayList->loginInfos[arrayList->lengthOfLoginInfos].userName,
userName);
        strcpy(arrayList->loginInfos[arrayList->lengthOfLoginInfos].passWord,
passWord);
        arrayList->lengthOfLoginInfos++;
        saveLoginInfo(arrayList);
    }
    fclose(readTarget);
    printf("**********************************************\n");
    printf("欢迎进入成绩管理系统登录界面\n");
    printf("Tip:super_admin\n");
    char userName[20];
    char passWord[20];
    printf("请输入账号：\n");
    scanf("%s",userName);
    printf("请输入密码：\n");
```

```
    scanf("%s",passWord);
    arrayList = getLoginInfo(arrayList);
    int tag = 0;
    for(int i = 0;i < arrayList->lengthOfLoginInfos;i++){
        if(strcmp(arrayList->loginInfos[i].userName,userName) == 0 && strcmp
(arrayList->loginInfos[i].passWord,passWord) == 0){
            printf("账号密码校验成功!!!\n");
            if(strcmp(arrayList->loginInfos[i].type,"admin") == 0){
                //管理员
                tag = 1;
            }else if(strcmp(arrayList->loginInfos[i].type,"normal") == 0){
                //普通用户
                tag = 2;
            }
        }
    }
    if(tag == 1){
        printAdminMenu(arrayList);
    }else if(tag == 2){
        printPersonMenu(arrayList);
    }else{
        printf("账号或密码不正确，登录失败!!!\n");
        printf("请重新登录!!!\n");
        checkLogin(arrayList);
    }
}

ArrayList* initArrayList(){
    ArrayList *arrayList = (ArrayList*)malloc(sizeof(ArrayList));
    arrayList->sizeofPersons = MAX_SIZE;
    arrayList->lengthOfPersons = 0;
    arrayList->persons = (Person*)malloc(sizeof(Person) * arrayList->
sizeofPersons);

    arrayList->sizeofLoginInfos = MAX_SIZE;
    arrayList->lengthOfLoginInfos = 0;
    arrayList->loginInfos = (LoginInfo*)malloc(sizeof(LoginInfo) * arrayList->
sizeofLoginInfos);

    return arrayList;
}

ArrayList* inflateLoginInfos(ArrayList *arrayList){
    LoginInfo *loginInfos = (LoginInfo*)malloc(sizeof(LoginInfo) * (arrayList->
sizeofLoginInfos + INCREASE));
    for(int i = 0;i < arrayList->sizeofLoginInfos;i++){
        loginInfos[i] = arrayList->loginInfos[i];
```

```
        }
        arrayList->loginInfos = loginInfos;
        arrayList->sizeofLoginInfos += INCREASE;
        return arrayList;
    }

    ArrayList* inflatePersons(ArrayList *arrayList){
        Person *persons = (Person*)malloc(sizeof(Person) * (arrayList->
sizeofPersons + INCREASE));
        for(int i = 0;i < arrayList->sizeofPersons;i++){
            persons[i] = arrayList->persons[i];
        }
        arrayList->persons = persons;
        arrayList->sizeofPersons += INCREASE;
        return arrayList;
    }

    int main(){
        //程序入口:初始化结构体容器，进入登录界面
        checkLogin(initArrayList());
    }
```